零基础搭建专属智能体

8大智能体搭建实战

绘蓝书源 ◎ 著

化学工业出版社

·北京·

内容简介

在人工智能时代，智能体平台已成为连接技术与生活的桥梁。本书全面介绍了当前主流的智能体平台及其应用，旨在为读者开启智能化生活的大门。

全书共分九章，首先对智能体平台进行概述，涵盖基础术语、核心特点、功能分类及应用领域，并展望未来发展趋势。随后，深入剖析了八大智能体平台：智谱AI、天工SkyAgents、讯飞星火、豆包、通义星尘、文心、字节Coze和腾讯元器。每章不仅介绍平台的特点与基础功能，还通过"手把手"案例（如翻译器、私人助理、游戏生成器、数字分身、古诗学习机、绘本故事制作、商品库存管理、智能体公众号等），指导读者快速上手，实现个性化应用。

本书内容丰富、实用性强，适合作为智能体技术的入门指南，无论是初学者还是技术爱好者，都能从中获取知识与灵感，开启智能生活新篇章。

图书在版编目（CIP）数据

零基础搭建专属智能体：8大智能体搭建实战 / 绘蓝书源著. -- 北京：化学工业出版社，2025.6.
ISBN 978-7-122-47796-5

I. TP18

中国国家版本馆CIP数据核字第20256V1X67号

责任编辑：刘晓婷　　　　　　　　　　　　　　责任校对：王　静

出版发行：化学工业出版社（北京市东城区青年湖南街13号　邮政编码100011）
印　　装：北京瑞禾彩色印刷有限公司
710mm×1000mm　1/16　印张12¾　300千字　2025年6月北京第1版第1次印刷

购书咨询：010-64518888　　　　　　　　　　售后服务：010-64518899
网　　址：http://www.cip.com.cn
凡购买本书，如有缺损质量问题，本社销售中心负责调换。

定　　价：89.00元　　　　　　　　　　　　　　版权所有　违者必究

前言

随着人工智能技术的飞速发展,智能体(Agent)作为 AI 技术的重要应用形式,正在深刻改变我们的生活和工作方式。智能体平台作为支撑智能体开发与运行的核心基础设施,已经成为推动 AI 技术落地的重要工具。无论是物理智能体还是虚拟智能体,它们都在各个领域中展现出巨大的潜力,从日常助手到工业自动化,智能体的应用场景日益广泛。国内众多科技公司纷纷推出了各自的智能体平台,如智谱 AI、天工 SkyAgents、讯飞星火等,为开发者和企业提供了丰富的技术选择。

本书旨在为读者提供一个全面、系统的智能体平台学习指南,帮助读者深入理解智能体的基本概念、核心功能以及应用场景。通过对国内主流智能体平台的详细介绍和实际操作演示,读者能掌握如何在不同平台上创建和部署智能体,并将其应用于实际项目中。

本书的内容结构清晰,分为九大章节,涵盖了智能体平台的概述、主流平台的详细介绍以及实际操作案例。每一章节都经过精心设计,力求为读者提供最实用的知识和最直观的操作体验。

第 1 章对智能体平台进行了全面的概述,介绍了智能体的基础术语、核心特点、分类以及应用领域,帮助读者建立对智能体技术的整体认知。第 2 章至第 9 章分别详细介绍了智谱 AI、天工 SkyAgents、讯飞星火、豆包、通义星尘、文心、字节 Coze、腾讯元器等主流智能体平台的特点、基础功能,并通过具体的操作案例,手把手教读者如何在这些平台上创建智能体。无论是翻译器、私人助理、游戏生成器,还是数字分身、古诗学习机、绘本故事制作等,读者都可以通过本书掌握这些智能体的创建方法。

本书的另一个特点是注重实践操作。每一章都配备了详细的操作步骤和截图，确保读者能够轻松跟随教程完成智能体的创建和部署。

通过阅读本书，读者可以有以下几方面收获。

- 全面了解智能体技术

本书从基础概念到实际应用，全面介绍了智能体技术的核心内容，帮助读者建立起系统的知识体系。

- 掌握主流智能体平台的使用方法

通过对国内外主流智能体平台的详细介绍和操作演示，读者将能够熟练使用这些平台，快速创建和部署智能体。

- 提升实践能力

本书提供了丰富的操作案例，读者可以通过手把手的教程，将理论知识应用于实际项目中，提升自己的实践能力。

无论是 AI 初学者、开发者，还是企业技术负责人，都可以从本书中获得实用的知识和技能，找到适合自身需求的解决方案，提升自己在智能体领域的技术水平。

在本书的编写过程中，我们得到了众多专家、学者和技术同仁的支持与帮助。同时，感谢出版社的编辑团队，他们的专业建议和细致工作使得本书得以顺利出版。还要感谢所有读者的支持与信任。希望本书能够为读者提供一个良好的学习起点，我们期待与每一位读者一起探索智能体技术的无限可能，共同迎接智能化时代的到来！

目 录

第1章 智能体平台与 DeepSeek 概述 1

1.1 智能体平台介绍 2
1.2 智能体基础术语解析 3
1.3 智能体核心特点 5
1.4 智能体核心功能 6
1.5 常见的智能体平台 7
1.6 智能体平台应用领域 8
1.7 智能体技术趋势与未来发展 11

第2章 智谱 AI 智能体 13

2.1 平台特点 14
2.2 基础功能 15
2.3 一键创建 GLM 智能体—翻译器 25
2.4 手把手用智谱清流创建活动助手智能体 28
2.5 智能体发布 37

第3章 天工 SkyAgents 智能体 39

3.1 平台特点 40
3.2 基础功能 41
3.3 手把手用 SkyAgents 创建内部私人助理 51
3.4 智能体发布 61

第4章 讯飞星火智能体 63

4.1 平台特点 64
4.2 基础功能 65
4.3 手把手用星火智能体创建游戏生成器 73
4.4 测试与发布 80

第 5 章 豆包智能体 83
- 5.1 平台特点 84
- 5.2 基础功能 85
- 5.3 手把手创建豆包智能体—数字分身 95

第 6 章 通义星尘智能体 101
- 6.1 平台特点 102
- 6.2 基础功能 103
- 6.3 手把手创建通义星尘智能体—古诗学习机 112
- 6.4 智能体发布 117

第 7 章 文心智能体 119
- 7.1 平台特点 120
- 7.2 基础功能 122
- 7.3 手把手创建文心智能体—绘本故事制作 137
- 7.4 智能体发布 143

第 8 章 字节 Coze 智能体 145
- 8.1 平台特点 146
- 8.2 基础功能 147
- 8.3 手把手创建 Coze 智能体—商品库存管理 157
- 8.4 智能体发布 169

第 9 章 腾讯元器智能体 173
- 9.1 平台特点 174
- 9.2 基础功能 175
- 9.3 手把手创建元器智能体—智能体公众号 188
- 9.4 使用方式 194

第 1 章
智能体平台与 DeepSeek 概述

在人工智能技术飞速发展的背景下，DeepSeek 的问世为智能体平台带来了显著的性能提升。DeepSeek 通过引入 FP8 精度量化和混合专家架构等核心技术，提高了模型的计算效率和精度，同时大幅降低了训练和推理成本。这一技术突破使得人工智能模型的开发和应用门槛大幅降低，为各行业的智能化转型提供了强有力的支持。

智能体平台，作为人工智能领域的重要组成部分，旨在构建具备自主决策、多任务处理和持续学习能力的智能代理。这些智能体广泛应用于智能客服、金融交易、医疗诊断、市场营销等领域，为企业和用户提供高效、智能的服务。然而，传统的智能体平台在处理复杂任务和大规模数据时，往往面临计算资源消耗大、响应速度慢等挑战，限制了其在更广泛场景中的应用。

DeepSeek 的引入，为智能体平台带来了质的飞跃。首先，DeepSeek 的高效计算架构使得智能体平台在处理复杂任务时，能够以更低的成本和更高的速度完成数据处理和决策。其次，DeepSeek 的开源策略和开放生态，吸引了全球开发者的参与，丰富了智能体平台的功能和应用场景。最后，DeepSeek 与智能体平台的深度融合，使得智能体具备了更强的学习能力和适应性，能够在不断变化的环境中持续优化自身表现。

1.1 智能体平台介绍

智能体是人工智能研究中的核心概念之一，定义为具有自主感知环境、决策制定及行动执行能力的系统。这些系统展现出明显的自主性、交互性、反应性及适应性特质，使其能够在动态且复杂的环境中独立完成指定任务。智能体的发展象征着人工智能技术从基于简单规则的匹配与计算模拟，向高阶自主智能技术的演进。

智能体涵盖范围广泛，理论上任何能够独立进行判断与任务执行的系统均可归类于此。这不仅包括诸如 Siri、小爱同学等常见的虚拟助手，也涵盖了在工业自动化、医疗服务等领域内广泛部署的智能机器人系统。智能体可能呈现为软件形式，例如复杂的算法和程序，亦可能是硬件形态，如自动驾驶汽车和无人飞行装置。

当下讨论最多的涉及大模型应用的智能体，通常指那些具备自我管理、自我学习、自我适应以及自我决策能力的高级机器人或软件系统。这类智能体能够在无须人工直接干预的情况下操作，与传统自动化程序有本质的区别。传统的自动化程序依赖于预设流程的自动执行，若遇到依赖项缺失或异常，程序可能会停滞不前。与之相比，智能体通过环境感知、持续学习和决策能力培养，能够创新性地解决问题。

智能体的概念可以通过以下公式形象地表示：

智能体 = 大型语言模型（LLM）+ 上下文记忆能力 + 任务计划能力 + 工具使用能力 + 执行能力

此公式概括了智能体在执行任务过程中所需整合的关键技术能力。

1.2 智能体基础术语解析

智能体涉及多个领域的关键技术，想要全面理解这些技术需要长时间的学习和积累，下面列出一些常见术语来帮助我们探索智能体的应用。

1.2.1 技术术语

在智能体应用领域，有以下常见的技术术语。

① AI Agent（AI 智能体）：Agent=LLM+ 记忆 + 规划技能 + 工具使用。

② Prompt Engineering（提示工程）：提示工程是在与大型语言模型（如 GPT-3）交互时设计和优化输入提示词（Prompt）的过程，以获得更精准、更有用的输出。这包括精心构造提示语句的结构、内容和格式，从而引导模型生成期望的响应或行为。

③ LLM（Large Language Models、大型语言模型）：大型语言模型是使用深度学习技术训练的模型，能够理解和生成自然语言文本。这些模型通常在大规模的数据集上进行预训练，能够执行各种语言任务，如文本生成、翻译、摘要等。

④ Function Calling（函数调用）：在智能体技术中，函数调用是指智能体在处理输入或执行任务时调用特定的程序函数。这包括从数据库检索信息、执行计算或访问外部 API 以获取所需数据。

⑤ RAG（Retrieval-Augmented Generation，检索增强生成）：检索增强生成是一种结合了检索和生成的机制，用于改进语言模型的输出。该技术首先从一个大型文档集合中检索与查询最相关的内容，然后基于检索到的内容生成回答或文本。这样可以让生成的内容更加准确和丰富。

⑥ Fine-tuning（微调）：微调是指在特定领域性能提升的技术，通过在特定任务或领域的数据集上进一步训练一个已经预训练的模型来实现。这种方法使模型更好地适应特定的应用场景，如特定类型的语言理解或特定行业的需求。

⑦ NLP（Natural Language Processing，自然语言处理）：计算机科学、人工智能和语言学交叉的一个领域，旨在使计算机能够理解、解释和生成人类语言。NLP 涵盖一系列技术，这些技术使计算机能够处理、分析和响应语言数据，从而实现人机交互的自然化。

1.2.2 工作术语

除了以上技术术语，还包含以下工作术语。

① 工作流（Workflow）：指智能体处理任务的一系列自动化步骤。工作流通常包括任务的启动、执行、监控和完成等阶段。工作流不仅包括自动化步骤，还包含需要人工干预的决策点。

② 知识库（Knowledge Base）：为智能体提供决策支持的信息集合。知识库可以包含规则、事实、数据及先前的经验，智能体通过查询知识库来增强其决策能力。知识库中的内容可以是结构化的（如数据库）或非结构化的（如文档、FAQs）。

③ 决策引擎（Decision Engine）：智能体用来处理输入信息并基于特定算法做出决策的系统部分。决策引擎通常包含或接入各种算法模型，例如机器学习模型，可以支持更复杂的决策需求。

④ 触发器（Trigger）：在智能体工作流中启动一个动作或一系列动作的条件或事件。触发器不仅可以是事件或条件，也可以是时间触发（如定时任务）。

⑤ API 接口（APIs）：应用程序编程接口，允许智能体与外部服务和应用程序交互，扩展其功能和访问外部数据。API 接口的作用是实现系统间的解耦和模块化，使得智能体可以灵活地接入和使用外部服务。

⑥ 任务队列（Task Queue）：存储待处理任务的列表，智能体根据队列中的任务进行操作。任务队列通常用于管理并发任务，确保按顺序或优先级处理。

⑦ 数据管道（Data Pipeline）：负责数据的收集、处理和传输的工具，用于在智能体的不同组件之间流动数据。

⑧ 监控仪表板（Monitoring Dashboard）：提供实时视图和历史记录，以监控智能体的性能和活动。监控仪表板不仅用于实时监控，也用于长期趋势分析和性能评估。

⑨ 事件日志（Event Log）：记录智能体操作中发生的所有事件，以供事后分析和监控。事件日志对于故障排查、安全分析和合规性监控非常关键。

1.3 智能体核心特点

智能体具备高度的自主性、自适应性和学习能力，这使得它们能够在复杂环境中独立感知、决策并执行任务。这种自主性是智能体区别于传统程序的重要特征，因为传统程序通常依赖于预设的规则和算法来执行特定任务，缺乏智能体的灵活性和适应性。

智能体能够实时获取信息并根据环境变化进行调整，这种动态学习能力使其在处理不确定性和复杂性任务时表现优异。例如，在自动驾驶和机器人控制领域，智能体通过不断学习优化行为，提高安全性和效率。相比之下，传统人工智能系统往往依赖于静态数据集和固定算法，对快速变化的环境反应迟缓。

此外，智能体还具有强大的交互能力，能够与其他智能体或人类进行有效沟通。这种交互性确保了智能体在多智能体系统中能够互相协作，共同完成任务。而传统人工智能系统通常只限于单向的数据处理和输出，缺乏智能体的互动性。

在应用层面，智能体广泛应用于自动化系统、虚拟助手、自动驾驶车辆等领域，提升效率和安全性。例如，在金融市场分析中，智能体可以实时分析海量数据并做出投资决策，而传统系统可能无法及时响应市场变化。

1.4 智能体核心功能

在当今技术进步的背景下，智能体体现了多种核心功能，旨在实现特定的业务逻辑与用户交互优化。以下是这类智能体核心功能的详细解析。

（1）交互管理（Interaction Management）

智能体可以处理与用户之间的交互，这包括接收用户输入，利用自然语言处理技术解析意图，并生成响应。此功能是确保用户体验流畅性和高效性的关键。

（2）任务自动化（Task Automation）

智能体能够自动执行一系列预定义任务，这些任务可以是简单的数据检索、表单自动填写，或是复杂的业务流程。此功能通过减少人力资源消耗和提高任务执行的一致性与准确性，显著增强操作效率。

（3）决策支持（Decision Support）

在复杂的决策场景中，智能体通过整合和分析来自多个数据源的信息，提供数据驱动的决策支持。这可能涉及使用机器学习算法来识别模式、预测趋势或提出建议，从而辅助用户或企业做出更明智的决策。

（4）系统集成（System Integration）

智能体常需与企业的其他系统（如 CRM、ERP 或自定义数据库）集成，以便无缝地交换数据和执行跨系统的操作。这种集成能力是提高业务流程连续性的关键，确保数据一致性和访问效率。

（5）实时监控与反馈（Real-Time Monitoring and Feedback）

智能体配备实时监控功能，能跟踪和记录其性能数据和交互历史。这允许系统管理员及时识别和解决问题，同时收集用户反馈以优化智能体的行为和响应。

（6）适应性学习（Adaptive Learning）

高级智能体具备学习能力，能根据用户交互和行为反馈自我调整其算法。通过持续学习，这些系统可以改进其预测准确性，提升个性化服务，并更好地适应动态变化的环境。

这些核心功能构成了智能体的主要价值，使其成为现代数字化转型策略中不可或缺的一部分。通过优化这些功能，企业可以提高内部运作效率，增强客户互动，从而推动业务增长和创新。

1.5 常见的智能体平台

常见的智能体开发平台有多种，每个平台都有其独特的功能和适用场景。以下是一些主要的智能体开发平台。

① 智谱 AI 智能体：智谱 AI 智能体平台致力于为开发者提供一个高效的 AI 开发环境，支持创建高度智能化的应用程序。平台具备强大的自然语言处理能力，能够理解和生成自然语言，还支持多种知识增强技术，如知识图谱集成和语义搜索，以提高智能体的响应质量和准确性。

② 天工 SkyAgents：由昆仑万维推出，基于天工大模型构建，具备自主学习和独立思考能力，用户可以通过自然语言交互或简单的拖拽、配置快速构建满足需求的 AI 智能体。

③ KIMI+ 智能体：KIMI+ 智能体平台专注于提供深度自然语言处理和智能对话能力。KIMI 智能体平台使开发者能够创建并部署各种智能应用，核心功能包括高效的信息阅读和摘要、专业文件解读、资料整理、创意写作支持以及编程辅助等。

④ 豆包：豆包智能体平台专注于为中小企业提供易于使用的聊天机器人服务。该平台包括对话设计、机器学习模型训练和 API 集成，无需深厚的技术背景即可开发出适合自己业务需求的智能对话系统。

⑤ 阿里云智能体：阿里云提供的智能体平台结合了阿里云强大的云计算资源和人工智能技术，支持语音和文本交互，可应用于客户服务、数据分析、自动化运维等多个场景。阿里云智能体还具备智能打断功能，能够在通话过程中识别用户的意图并做出相应的反应。

⑥ 文心智能体：基于百度的文心大模型，支持开发者根据行业领域和应用场景选择不同的开发方式。该平台提供零代码及低代码开发选项，适合快速创建

基本智能体，并且支持多场景、多设备分发。

⑦ Coze：由字节跳动推出，是一个功能全面的 AI 智能体创建平台，支持多种插件工具、知识库调取和管理、长期记忆能力、定时计划任务以及工作流程自动化等功能。用户可以快速创建聊天机器人、智能体平台和 AI 应用，并将其部署在社交平台和即时聊天应用程序中。

⑧ 腾讯元器：依托于腾讯混元大模型，允许开发者通过插件、知识库、工作流等方式快速、低门槛地打造智能体，支持发布到 QQ、微信等平台，实现全域分发。

每个智能体开发平台都有其独特的功能和适用场景，开发者可以根据自身需求选择最合适的平台进行智能体的开发和部署。例如，需要快速构建和广泛分发智能体的用户，可以选择 Coze 或百度文心智能体平台，这些平台提供了丰富的开发工具和易于部署的环境，适合迅速上线和扩展应用。而对于寻求高度定制化和本地化解决方案的用户，阿里云和天工 SkyAgents 提供了更多的定制选项和强大的本地部署能力，适合深度定制和敏感数据处理的需求。此外，智谱、元器这些平台也非常适合用于学术研究和教育领域，尤其是在开发和测试复杂的多智能体系统时，可以提供必要的技术支持和灵活的配置选项。

1.6　智能体平台应用领域

智能体平台的应用范围极为广泛，涉及众多行业及日常生活的多个方面。以下详细阐述了智能体平台在主要应用领域中的具体实现与深远影响。

（1）智能交互

智能体平台通过构建先进的智能对话系统和人机交互界面，极大提升了用户体验和工作效率。这些平台利用自然语言处理技术解析用户的语言输入，理解其意图，并提供准确、相关的响应。此外，智能交互系统还能够通过持续学习用户的行为模式，逐渐优化交互流程，使设备操作更加直观、智能。

（2）智能决策

智能体平台在企业管理中扮演着决策支持的角色，通过大数据分析和机器学习技术辅助管理层进行快速且准确的策略决策。这些系统综合历史数据和实时信息，通过算法模型预测业务发展趋势，提供科学的数据支持，从而显著提升企业的决策能力和市场竞争力。

（3）智能推荐

智能推荐系统利用智能体平台的强大数据处理能力和算法，为用户提供个性化的内容和服务推荐。这种推荐系统在分析消费者过往的购买历史、浏览行为和个人偏好基础上，能够精确预测并推荐用户可能感兴趣的新产品或服务，极大增强了用户体验感和满意度。

（4）智能安防

结合最新的图像识别和行为分析技术，智能体平台能够构建高效的智能安防系统。这些系统通过实时监控和分析视频数据，自动识别潜在的安全威胁，迅速做出反应并通知相关人员，大幅提升了安全监控的准确性和效率。

（5）金融行业

智能体平台在金融领域通过先进的数据分析技术和算法，帮助银行、投资公司等金融机构进行市场趋势预测、风险评估和资产管理。AI智能体的应用不仅限于自动化交易，还包括提供个性化的金融咨询服务，使得金融服务更加智能化、个性化。

（6）零售行业

通过智能体平台，零售商能够提供极具个性化的购物体验。利用机器学习和数据挖掘技术，智能推荐系统能够分析消费者的购买行为和偏好，为其推荐合适的商品，优化促销策略，从而增加销售额和顾客忠诚度。

（7）医疗领域

智能体平台在医疗行业的应用，如智能问诊助手、疾病诊断支持系统，极大地提高了医疗服务的效率和质量。这些系统通过分析患者的症状和医疗历史，提供初步诊断建议，辅助医生做出更准确的治疗决策，同时也为患者提供便捷的健康管理服务。

（8）自动驾驶与机器人技术

智能体平台赋能了自动驾驶汽车和机器人技术的发展。这些技术通过整合传感器数据和实时处理环境信息，使得机器人和自动驾驶车辆能够在复杂多变的环境中做出快速反应，提高安全性和操作的准确性。

（9）智能家居系统

智能家居系统通过智能体平台实现对家庭环境的智能控制，如自动调节温度、照明、安全监控等，提高生活便利性和舒适度。这些系统通过学习用户的生活习惯和偏好，自动化执行日常任务，提升家庭的能效和生活质量。

（10）电子商务与社交媒体

在电子商务和社交媒体领域，智能体平台通过深度分析用户数据，提供个性化的内容和广告推荐。这不仅增强了用户互动，还提高了广告和内容的目标精准度，从而增加用户留存率和平台收益。

（11）游戏开发

智能体平台在游戏开发中，尤其是通过创建智能的非玩家角色（NPC），提升了游戏的互动性和挑战性。这些NPC能够根据玩家的行为做出复杂反应，增加游戏的动态性和沉浸感。

（12）工业制造

在工业制造领域，智能体平台通过优化生产流程和实现智能化生产管理，显著提高了生产效率和产品质量。通过实时数据分析和机器学习，这些系统能够预测设备维护需求，减少停机时间，优化资源配置。

（13）智慧城市

智能体平台在智慧城市建设中发挥着关键作用，优化城市管理和提高公共服务效率。通过集成交通监控、能源管理和公共安全系统，这些智能平台帮助城市更有效地管理资源和应对城市挑战。

（14）能源与公用事业

在能源和公用事业领域，智能体平台通过高效的能源管理系统，优化能源分配和消耗，提高能源利用效率。

（15）教育

智能体平台在教育领域通过提供在线辅导、设计个性化学习路径和智能评估系统，极大地丰富了教育资源并提升了教育质量，使教育更加个性化。

这些应用领域的深入探索展示了智能体平台在各个行业中的广泛应用潜力。随着深度学习、自然语言处理、机器视觉等技术的不断进步和融合，智能体平台正逐步成为推动人工智能技术广泛应用和持续发展的关键力量。

1.7 智能体技术趋势与未来发展

智能体技术的未来发展方向主要受三个关键驱动力的影响：技术创新、市场需求，以及伦理与法律框架的成熟。以下是几个明确的发展趋势。

（1）多模态交互的增强

随着自然语言处理和计算机视觉等技术的持续进步，多模态交互正在成为智能体技术的重要发展方向。研究表明，多模态智能体能够更好地理解和适应用户的需求，提供更为丰富和自然的交互体验。例如，Google Assistant 和 Amazon Alexa 等产品已经开始整合语音和视觉输入，使得用户可以通过语音查询并通过屏幕获取复杂信息。未来，这种趋势预计将进一步加强，随着技术的成熟，智能体将能够更有效地处理并整合来自不同感知渠道的信息。

（2）自适应学习和行为个性化

机器学习模型的进步特别是深度学习的应用使得智能体能够更好地从大量数据中学习并预测用户行为，提供个性化的服务。个性化服务已被证明可以显著提高用户满意度和参与度，在电商推荐系统如亚马逊和 Netflix 的成功应用已有充分证明。未来，智能体的学习算法将更加强大，能够实时适应用户的改变，并在不同的环境中持续优化其性能和响应。

（3）情感智能的融入

情感智能，即智能体处理和回应人类情绪的能力，是当前研究的热点。随着情感分析技术的发展，未来的智能体将更好地理解用户的情绪状态并据此做出适应性反应。例如，Microsoft 和 IBM 等公司已经在其服务中集成情感识别功能，用以提高客户服务的质量和效率。这种趋势预计将继续扩展，智能体在未来可能会在教育、健康护理和客户服务等领域发挥更大作用，通过情感智能提供更为人性化的支持。

（4）智能体的伦理和隐私保护

随着智能体技术深入人们生活的各个方面，伦理和隐私问题越来越受到社会关注。为此，未来的智能体开发将更加重视伦理和隐私设计，确保技术的安全性和用户的数据保护。欧盟的通用数据保护条例（GDPR）已经为此设立了法律框架，未来可能有更多国家和地区跟进实施类似的法规。

（5）智能体与 DeepSeek 结合

智能体接入 DeepSeek 后，通过其高性能、低成本及开源生态优势，已在金融、医疗、制造等领域展现出显著价值。未来，随着多模态能力扩展与伦理框架的完善，其应用场景将进一步拓宽。智能体平台与 DeepSeek 的整合不仅极大地提升了智能体的核心竞争力，也使其在智能化应用领域中保持领先地位，将来一定能更好地满足智能化社会的需求。

第 2 章 智谱 AI 智能体

智谱 AI 推出的基于智谱全模型矩阵 AI 智能体开发平台，整合了强大的智能体工具链，包括 Agents、Workflow、知识管理等模块，同时支持 API、SDK、URL 多种集成方式，帮助用户在无须编程的情况下快速构建高效、智能化的 AI 应用。平台内置知识库，具备无限存储能力和 RAG 检索增强功能，可灵活配置分类、切片规则及智能预处理，为复杂业务场景提供强有力的支持。智谱智能体还提供全程陪跑服务，包括专业咨询和定制化 AI 培训，无论是非技术类或者技术类人群，都可快速构建高效的智能体，推动业务全面智能化升级。本章将全面解析智谱智能体的特点、功能，并通过实例演示其具体应用，帮助开发者和企业用户快速掌握智能体的开发与实践。

智谱 AI 智能体已推出智谱清言 GLM 智能体和企业级智能体——智谱清流。

2.1 平台特点

在智谱智能体平台以高度灵活的功能架构和强大的自然语言处理能力为核心，专注于多语言支持和复杂任务处理，打造了一套高效的智能解决方案。

① 多智能体协作：提供基础和高级模式的 Prompt 支持，集成插件、知识库和联网搜索能力，支持多智能体协作。

② 自然语言理解与生成（NLU/NLG）：具备优秀的语言理解能力，能够精准解析用户输入，理解上下文语义。GLM-4 支持 128k 上下文窗口，能够精准处理长文本。

③ 知识管理：知识库支持无限存储和 RAG 检索增强，可接入常见文档内容，并允许自定义分类、切片规则与智能预处理，支持多种召回排序方式。

④ 多样化集成：支持 API、SDK、URL 三种集成方式，满足不同用户不同场景的集成需求，能集成到原有系统内。

⑤ 工具集成：提供插件、知识库及联网搜索功能。还支持企业快速接入自定义插件，轻松对接内部 API 或系统。用户可通过智谱清言的开放 API 接口，将智能体功能无缝集成到现有系统中。支持自定义插件开发，扩展智能体能力。

⑥ **个性化智能体定制**：用户可通过智谱智能体平台轻松创建属于自己的智能体，非技术类人群只需借助平台提供的模板提供简单的提示词指令即可实现，无须开发。技术类人群则可以借助代码节点、自建插件的形式创建更加复杂的智能体。

⑦ **多场景适用性**：智谱清言智能体适用于多种业务场景，包括虚拟客服、翻译服务、知识管理、数据分析和内容生成，广泛应用于教育、出版、跨境电商等领域。

2.2 基础功能

在智谱清言平台中，有两种智能体，一种是智谱清言 GLM 智能体，一种是被称为企业级智能体的智谱清流，整合了多模态处理、高性能推理和个性化定制功能，为用户提供了灵活且强大的基础工具，适用于广泛应用场景。致力于通过模块化工具链和高性能技术，帮助用户轻松构建多功能 AI 智能体，覆盖教育、内容创作、客户服务、数据分析等领域。本节将详细介绍智谱清流智能体的核心基础功能，如图 2-1 所示。

图2-1

GLM 智能体支持电脑端和手机端，智谱清流则只支持电脑端创建。

2.2.1 创建模式

智谱清流有两种创建模式,分别是对话型和文本型,如图2-2所示。

图2-2

① 对话型:对话型智能体主要应用于角色扮演、智能客服和业务助理等场景,通过对话形式与用户进行交互,模拟真实的沟通体验。

② 文本型:文本型智能体适用于文本写作、信息提取和文案生成等需求,通过单轮或多字段的输入形式完成高效交互,提供精准的文本服务。

2.2.2 智能体广场

智能体广场是智谱清流为用户精心打造的模板库,汇集了精挑细选的智能体模板。这些模板覆盖广泛场景,具备高度的通用性和良好的复用性。用户可以在智能体中心快速找到与自身场景类似的模板,体验其功能效果,查看其画布和Prompt设计,并一键将满意的模板复制到账户中,大幅节省开发时间。如图2-3所示。

图2-3

2.2.3 开场白及推荐

这个窗口是在创建第一步弹出的窗口，用于配置智能体在对话页面的开场白与推荐问题，如图2-4所示。

① 名称和智能体介绍：输入名称和智能体介绍后可通过 AI 直接自动配置开场白和推荐问题，右上角的"AI 生成开场白"可以选择打开或关闭，默认状态是打开。

② 智能体 logo：单击 AI 生成可以根据名称和介绍生成 logo，也可以单击"+"上传图片。

图2-4

 Tips

打开 AI 生成开场白配置会消耗账户对应生文 / 生图的 token 及模型使用次数。

2.2.4 开始节点

开始节点是智能体任务流程的起点，负责接收用户输入并触发工作流的运行。用户可以设置起始条件，包括起始节点从开始对话或从上次历史对话继续节点开始，设置控制历史对话变量与 Agent 节点拼接的历史对话轮次，确保智能体的响应逻辑符合业务需求。如图2-5所示。

图2-5

2.2.5 Agent

Agent 节点是实现智能体核心功能的关键模块，支持自主任务规划与执行。通过整合高效完成复杂任务。同时，Agent 节点具备多轮对话能力，具备 function call 能力，支持调用插件、知识库和联网搜索等工具，支持跳入条件和跳出条件的灵活配置，在没有连线的情况下也可以实现全局范围内的自动跳转。如图 2-6 所示。

图2-6

Agent 编辑窗口主要包括 Prompt、工具、跳入条件、跳出条件四个输入项，如图 2-7 所示。

① **模型设置**：模型设置页面可以配置不同参数的大模型来调试场景的成本和效果，支持调整 temperature、top_p、max_token 三个参数，如图 2-8 所示。

图2-7　　　　　　　　　　图2-8

- temperature 参数：控制模型生成文本的随机性。temperature 值较高时，模型倾向于生成更加多样化和创新的文本；当 temperature 值较低时，模型生成的文本会更加保守和稳定。

- top-p（核采样）参数：与 temperature 参数不同，它通过限制生成文本的候选词汇范围来影响多样性。当 p 值较高时，模型生成的文本会更加多样化和创新；而当 p 值较低时，生成的文本会更加集中和连贯。

- max_token：控制模型最大输出 token，范围是 1～8192。

② **Prompt 输入框**：编辑 Prompt 的区域，默认为 system prompt。选择"高级"

模式支持分别输入 System Prompt（模型开发者为模型提供任务目标的指令或上下文）和 User Prompt（用户请求模型生成相应直接输入的文本）。"高级"右侧的星星符号按钮是 Prompt 优化，可以节省编写时间达到更优效果。

③ 工具：Agent 节点独特的功能，包括添加插件（function 调用和外部接口调用）、添加知识库（function 调用接入正在开发平台的知识库）、辅助能力（联网搜索功能打开/关闭，支持配置搜索词）。

④ 跳入条件：Agent 节点可以自动识别用户意图并进行节点跳转，跳入条件影响范围是全局。

⑤ 跳出条件：控制 Agent 节点在符合条件时，通过模型自主判断和规则判断两种条件跳转至下一个节点。

2.2.6 LLM节点

LLM 节点用于执行按照画布连线的特定用户任务，如自然语言生成、问答和内容摘要等。LLM 节点还支持历史对话拼接功能，支持并行多个 LLM 节点，增强上下文理解能力，为用户提供更精准的结果。如图 2-9 所示。LLM 节点的设置模式类似 Agent 节点，如图 2-10 所示。

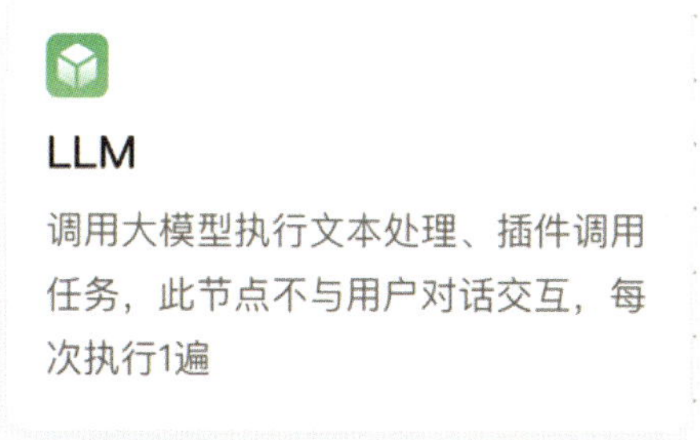

图2-9

图2-10

①模型设置：模型设置页面也可以配置不同参数的大模型来调试场景的成本和效果，同样支持调整 temperature、top_p、max_token 三个参数（情况同第 18 页"①模型设置"），如图 2-11 所示。

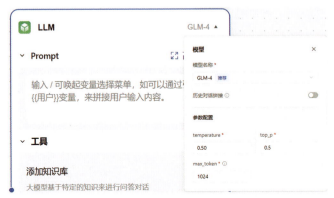

图2-11

LLM 节点支持接入多模态大模型，比如 Cogview-3-Plus（文生图）、GLM-4V（图生文）、GLM-4V-Plus（图或视频生文）、CogVideoX（图生视频）支持输入图片（或视频）与提示词，进行文本或视频的生成等十余种。

② Prompt 输入框：编辑 Prompt 的区域，默认为 system prompt。选择"高级"模式支持分别输入 System Prompt 和 User Prompt。"高级"右侧的星形符号按钮是 Prompt 优化，可以节省编写时间达到更优效果。

③ 工具：LLM 节点与 Agent 节点不同的是，它通过 function 调用知识库和联网搜索两种通用能力。

④ 跳入条件：Aengt 可以根据意图跳入对应的 LLM 节点，其他节点执行时触发当前意图也会跳入开始执行任务。

> **Tips**
>
> 单节点单次/批量评测：LLM 节点和 Agent 节点均支持单个节点的 Prompt 评测和一键批量评测，Prompt 输入框的高级功能中，左侧调整 Prompt，右侧栏中测试并预览单节点的效果，如图 2-12 所示。

图2-12

2.2.7 工具节点

工具节点是智谱清流平台用于调用外部插件和工具的接口,如图 2-13 所示。通过标准化的操作方式实现与第三方系统的交互。用户可以选择现有工具或创建自定义工具,满足特定业务需求,如图 2-14 所示。

图2-13　　　　　　　　　　图2-14

工具节点目前只支持平台提供的第三方插件,且无法单独作为智能体的最后的一个节点。将插件添加至画布后可以设置输入输出,可以单节点调试。

2.2.8 代码

代码节点支持用户在任务流程中运行自定义代码,如图 2-15 所示,适用于复杂数据处理、数学运算及特定逻辑实现。支持 Python 和 JavaScript 语言,运行于沙箱环境,确保代码的安全性和独立性,如图 2-16 所示。

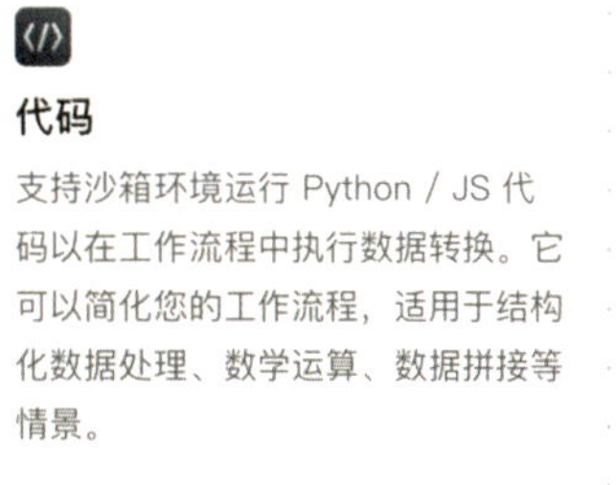

① 输入:添加参数,命名,然后输入固定值

图2-15

或者引用大模型生成的变量。

② **代码调试**：可直接输入，也可以在IDE全屏环境下进行编辑代码。输入测试代码，运行成功后同步输出结果即可正常运行。

如需要链接外部系统，请使用工具节点的"创建插件"功能，如图2-17所示。

图2-16　　　　　　　　　　图2-17

🏷 2.2.9 数据提取

数据提取节点用于从前序节点的输出中提取特定信息并以变量形式保存，如图2-18所示。目前仅支持解析JSON或Key：Value结构化数据，比如字段名：字段值（城市：重庆），便于后续节点调用和逻辑处理。提取字段支持一次提取多个字段，填写一个输入框后系统会自动增加输入框，如图2-19所示。

图2-18　　　　　　　　　　图2-19

2.2.10 分支判断

分支判断节点根据前序节点的输出内容或者变量值对任务流程进行分支选择，如图 2-20 所示。

目前支持的判断逻辑："等于""不等于""字数大于""字数小于""为空""不为空""包含""不包含""大于""小于"，条件内容可以选择引用变量或固定值。可通过"否则"逻辑处理例外情况。用户还可以通过并行判断功能，执行多个分支任务。否则功能则是帮助处理场景中遇到的非常规情况，比如前序节点的输出误差，如图 2-21 所示。

图2-20

图2-21

2.2.11 问答

问答节点设计用于基于知识库或预定义规则回答用户问题，如图 2-22 所示，适用于智能客服、FAQ 解答等场景。用户可以结合 Prompt 优化功能，提升回答的准确性和贴合度，如图 2-23 所示。

图2-22

图2-23

① 对话回答：在问题内容输入框输入对用户提出的问题，输入"/"可以引用变量。

② 选项回答：选项回答在选项内容里可以选引用或者固定值，可以设置用户输入作答后"返回开始节点"还是"按连线执行"。

2.2.12 图表

图表节点提供了将数据可视化的能力，如图 2-24 所示。根据输入的数据、选择样式及图表文本生成多种类型的图表，适用于数据分析和报告生成场景，如图 2-25 所示。

图2-24

① 图表数据：支持"固定值"或"引用"前序节点，鼠标放在蓝色字体上可参考输入数据是否符合示例。

② 样式配置：支持"固定值"或"引用"前序节点。

③ 图表文本：支持"固定值"或"引用"前序节点或不需要文本。

图2-25

2.2.13 数据合并

数据合并节点用于将前序多节点的输出数据整合为统一的格式，如图 2-26 所示。适合生成长文本报告或整合多步骤计算结果。用户可自由定义合并逻辑和输出结构，并按预期结构编排，如图 2-27 所示。

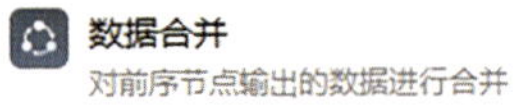

图2-26

2.2.14 测试

完成智能体的搭建后，可以对它进行评测，核实智能体输出的效果。

图2-27

2.3 一键创建GLM智能体——翻译器

GLM智能体本质上是智谱清言在全大模型的基础上,搭配结构化提示词来简单创建。流程也比较智能化,依次是创建智能体、配置功能信息,有需要还可以配置知识库。按照流程,接下来将创建一个GLM翻译器。

步骤01 创建智能体

首先在网络搜索器(如百度)搜索智谱清言,打开主页,如图2-28所示,单击立即体验。

图2-28

输入手机号和验证码完成注册/登录,进入智谱清言对话界面,单击"创建智能体",如图2-29所示。

图2-29

进入创建智能体弹窗,提示AI自动输入一句话描述智能体,在文本框里输入内容如图2-30所示,然后单击"生成配置"按钮。

图 2-30

> **步骤02** 配置功能信息

进入智能体界面,可以看到基于刚才的描述,智谱 GLM 智能体自动配置了 logo、名称、简介、配置信息(说明了角色、角色拥有的能力),以及开场白、推荐问题,右侧调试界面可以看到呈现效果,如图 2-31 所示。

模型能力调用默认勾选了联网能力、绘画能力、代码能力。界面定制分普通对话模式和自定义 UI 组件。能力配置可以添加自建插件或调用插件市场。高级配置主要是设置生成多样性,数值越高输出更加随机,相反值越小,输出更加稳定。系统默认值为 0.95,如图 2-32 所示。

图 2-31

图 2-32

步骤03 配置知识库

单击"知识库配置",可以上传网络链接、文件以及直接授权微信公众号和新浪微博内容,如图2-33所示。

图2-33

上传文件支持:Office 文件（doc、docx、xlsx、pptx）、pdf、txt,扫描文件（jpg、png、jpeg、bmp、tiff）,电子书类文件（epub、mobi、azw3）单个文件不超过 100MB;音频文件（wav、mp3、wma、aac、ogg、amr、flac、m4a）,每个文件不超过 1 小时,每个文件不超过 100MB;一次最多上传 20 个文件,整体知识库最多支持 1000 个文件,知识库总字数不超过 1 亿字。

步骤04 调试与预览和发布

智能体右侧调试界面,尝试输入问题,很快智能体就开始以对话形式回复。如图 2-34 所示。如果对回答结果质量不满意,可以继续调试左侧功能配置再进行调试;如果满意可以单击右上角"发布"按钮,如果主要是用户自己使用,发布权限选择私密,也可以选择公开发布到智能体中心。

图2-34

2.4 手把手用智谱清流创建活动助手智能体

创建一个活动助手智能体的过程将涵盖设计流程、创建知识库、创建智能体、编排画布、发布管理以及最终体验智能体的完整流程。

2.4.1 设计流程

创建活动助手智能体的核心在于从知识库中读取活动全流程指南，并根据知识库中的内容，与用户进行交互式的问答，以帮助用户组织一次活动，流程示例如图2-35所示。

（1）确认应用场景

确定智能体的服务方向，例如活动策划公司需要组织各种类型的活动，如商业展会、婚礼、企业年会、新品发布会等。活动助手智能体可以帮助他们进行活动流程规划，从活动前期的筹备，如场地预订时间安排、嘉宾邀请名单整理，到活动中的流程控制，如节目顺序编排、时间提醒，再到活动后的反馈收集等诸多事务。

（2）结构化知识库

根据应用方向，创建一个包含活动组织全流程工作任务的知识库，例如：《通用类活动详细方案》知识库，包含活动执行方案，涵盖活动准备、现场执行和后期工作，包括任务分工、工作要求及内容说明等，适用于各类活动组织。上传本地文件或链接在线资源后，设置关键词匹配规则，确保知识库被调用。

（3）设计交互流程

用户输入节点：接收需要组织的活动要求。

解析节点：调用GLM-4大型语言模型，根据要求，调用知识库生成回复。

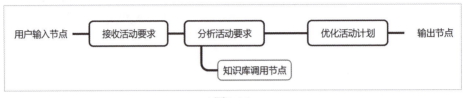

图2-35

2.4.2 创建知识库

通过对活动组织的设计,接下来智能体的创建要确保用户的自然语言指令能够高效转换为执行画布连线节点操作,可以先配置好中间要调用的知识库。

步骤01 首先进入智谱清流操作页面,页面左侧导航栏单击"知识库"按钮,如图2-36所示。在弹出的新建知识库窗口,填写好名称、向量化模型以及知识库描述后单击"创建"按钮,如图2-37所示。

图2-36　　　　　　　　　　图2-37

步骤02 导入相关的文档或者URL,然后将企业相关活动策划的制度和方案上传至知识库,这里用一个制度来做案例,如图2-38所示,单击"下一步"按钮。

图2-38

步骤03 配置知识库,可以选择对知识文件切片的方式,分别是按标题段落切片、按问答对切片、自定义切片,这里设置为按标题段落切片,如图2-39所示,单击"完成配置"按钮。

图2-39

2.4.3 创建智能体

知识库文件状态变成绿色的"数据完成"后即配置完成,回到智能体中心页面,单击"+创建智能体"按钮,选择从空白创建对话型智能体。

步骤01 在弹出的创建对话智能体窗口完成名称、智能体介绍、智能体logo(这里采用AI生成,用户也可以自己上传图片),右上角打开AI生成开场白,如图2-40所示,单击"创建"按钮。

图2-40

步骤02 进入智能体编排界面,在右侧的页面设置页面,打开配置提示下面的引用知识和归属、展示文件上传、展示下一步问题建议。如图 2-41 所示，中间的调试预览界面已呈现，AI 已经生成开场白以及建议引导问题。

图2-41

2.4.4 编排画布

在编排画布界面，用户可以对智能体的流程进行详细设置和编排。

步骤01　从开始节点设置，单击开始节点右边的六边形按钮，在对话设置谈话窗口里面选择起始节点为上次对话节点，对话历史默认携带上下文轮数为 10，如图 2-42 所示。

步骤02　单击左下角添加节点，然后单击 Agent 节点或者拖拽至画布，如图 2-43 所示。

图2-42

图2-43

步骤03 单击Prompt的高级按钮,进入全屏编辑界面,左侧基础模式输入框里输入提示词,如图2-44所示。

图2-44

步骤04 界面右上角单击添加工具,如图2-45所示。再单击"+"号添加知识库,单击"活动助手知识库"后面的添加按钮,如图2-46所示已添加。

图2-45

图2-46

> **步骤05** 关闭Prompt高级编辑页面，在Prompt高级旁边单击优化按钮，一键优化后的结果如图2-47所示。

图2-47

> **步骤06** Prompt下面单击工具下拉菜单，知识库已经在工具栏选中，打开辅助能力联网搜索，其他功能可以默认。单击添加知识库的"高级设置"，如图2-48所示。

图2-48

步骤07 召回方式选择向量化检索，打开Rerank模型，其他参数默认，单击"确定"按钮，如图2-49所示。

图2-49

步骤08 配置好节点，鼠标放在开始节点右侧的蓝色原点，鼠标会变成+图标，然后按住鼠标可以连接 Agent 节点的连接点，如图 2-50 所示。

图2-50

2.4.5 发布管理

单击界面右上角的"发布管理"按钮，在新建版本的输入框内填写版本号 1.0，如图 2-51 所示。确认后弹出版本详情页，如图 2-52 所示，最后单击"发布"按钮。

图2-51

图2-52

2.4.6 体验

创建好智能体后,退出编排界面回到首页,单击"我的智能体"能看到已发布的活动助手,如图 2-53 所示。

图2-53

单击"体验"按钮，就进入到智能体界面。可以试着输入对话来查看智能体的回复能力，如果不满意可以返回继续编辑智能体，直到收到满足期望的效果，如图 2-54 所示。

图2-54

2.5 智能体发布

回到智谱 AI 开放平台的首页，进入我的智能体页面，找到活动助手图标，单击右上角的"…"按钮，选择"分享"，如图 2-55 所示。

图2-55

接着会弹出一个信息窗口,可以复制链接,链接可以在各个浏览器直接调用智能体,也可以用微信"扫一扫"底部二维码,如图2-56所示,就可以直接使用微信对话该智能体,如图2-57所示。

图2-56

图2-57

第 3 章

天工 SkyAgents 智能体

天工 SkyAgents 是由昆仑万维推出的一款企业级 AI 智能体开发平台，基于自主研发的"天工大模型"构建，旨在通过简单直观的操作，为用户提供快速、高效的 AI 智能体开发体验。平台以"零代码"为核心理念，无须编程基础，用户便可通过自然语言输入和可视化拖拽方式，创建并部署个性化的 AI 助手。

天工 SkyAgents 模块化任务组件、智能知识库构建、第三方工具调用、个性化 AI Agents 一键分享等多个核心领域实现了创新与突破。模块化任务组件让用户能够以积木式操作快速搭建复杂的任务逻辑，大幅简化开发流程。智能知识库支持多类型数据的接入和高效检索，通过语义分析和内容提取为智能体提供精准的知识支撑。借助第三方工具调用功能，天工 SkyAgents 可灵活集成外部系统和 API，满足多样化的业务需求。这些能力的结合，不仅让用户能够轻松创建高效的 AI 助手，更赋能企业在智能化转型中实现创新驱动和价值提升。

2025 年 2 月 8 日，昆仑万维"天工大模型"推出了 PC 版的重大更新——"DeepSeek-R1+联网搜索"功能，这一更新不仅增强了模型的搜索能力，还进一步提升了天工 SkyAgents 的智能体应用的潜力和范围。通过整合 DeepSeek 技术，天工 SkyAgents 平台现在能够更深入地理解和处理复杂的用户需求，提供更加精准和广泛的信息访问能力。

3.1 平台特点

天工 SkyAgents 平台具备从感知到决策、从决策到执行的自主学习和独立思考能力，用户可以通过自然语言构建自己的单个或多个"私人助理"。

① 深度集成 AI 能力：平台集成了多种先进技术，包括机器学习和深度学习等，提供强大的智能决策支持，通过高效任务执行提升业务的准确性和处理效率。

② 多 Agents 协作：支持根据业务需求实现多个 AI 智能体的协同作业，高效分配任务，优化工作流程。

③ 高度自定义编排：用户无须编码即可通过模块化方式灵活配置智能体。

就像搭积木一样，这种模块化的结构不仅提升了系统的灵活性和可定制性，还使得用户能够根据具体需求快速调整和优化 AI 代理的功能。

④ 强大 AI 模型支持：平台利用先进的自然语言处理（NLP）和机器学习技术，基于昆仑万维自研的天工大模型，平台性能卓越，能够处理复杂任务并提供精准的结果。

⑤ 灵活开发的 Agents：平台预置多类工具组件，增强扩展能力，支持与协同办公平台的无缝集成，并具备自带 API 调用能力，方便嵌入到现有系统中，提升兼容性和适配性。

⑥ 先进技术集成：平台利用容器化和微服务架构，确保了系统的可扩展性和灵活性，能够根据用户需求进行快速调整和优化。这种架构设计还支持多种数据类型和来源的集成，可以轻松嵌入到现有系统。

⑦ 多领域应用潜能：SkyAgents 平台支持知识库的创建与检索，使得用户能够快速获取所需信息，尤其是在办公自动化和客户服务领域，能够显著提高工作效率和用户体验。

⑧ 扩展的数据访问：DeepSeek-R1 与联网搜索功能使智能体能够实时访问和检索网络上的大量数据，极大地扩展了智能体处理查询的能力和知识库的深度。

3.2 基础功能

在天工 SkyAgents（beta）这个智能体平台上，个人用户或开发者可以通过该平台使用自然语言和简单操作，无须具备代码编程能力，就能在短时间内部署属于自己的 AI 智能体。在创建过程中，SkyAgents 的模块化设计和灵活性让人印象深刻，无论是不具备技术背景的用户，还是 AI 智能体的发烧友，都是探索智能体的一次美好的体验。SkyAgents 集中管理所有 Agents 相关功能的页面，可在此访问所有自有 Agents、示例 Agents。同时也能对自建 Agents 进行新建、编辑和删除等操作。如图 3-1 所示。

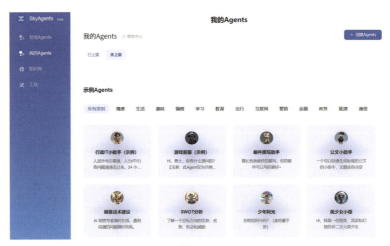

图3-1

3.2.1 基础信息

SkyAgents 进入操作界面即智能体自定义配置页面，可以调整相关信息，配置基础功能，决定智能体的呈现样式及功能，如图 3-2 所示。

① Agent 头像：可以上传自选图片作头像，也可单击换一换，挑选系统随机提供头像。

② Agent 名称：对 Agent 进行命名，用户会根据名称大概了解智能体功能。

③ 描述：简单描述该 Agent 的功能/场景/信息，便于用户进一步了解。

④ 对话背景：一般默认白色背景，也可以选择系统里的十余种背景。

⑤ 问题建议：引导用户快速与

图3-2

Agent 互动，可以预设一些建议性的问题，会在首次对话时显示，但最多能设置六个。

⑥ 对话模型：目前支持的模型是天工大模型。

3.2.2 提示词

用户通过提示词为 SkyAgents 设定明确的任务和具体的执行计划。有助于 SkyAgents 更好地理解意图，并准确地执行指令，如图 3-3 所示。

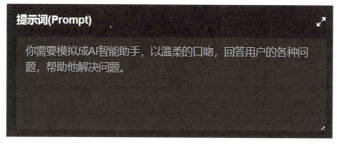

图3-3

使用结构化、可重复的提示词，可以使 SkyAgents 在执行任务时更加高效。同时，这些提示词还可以作为训练数据或微调数据，帮助优化性能。

3.2.3 知识库

可以根据业务需求创建知识库，用于存储和分类智能体所需的各类信息和知识资源。SkyAgents 的知识库功能提供了一个集中的管理平台，用户可以在此统一管理和维护企业的所有知识库，确保知识的统一性和一致性。如图 3-4 所示。

图3-4

- 知识库其实就是 Agent 使用过程中需要涉及的知识范围，对话将对知识库进行内容检索，并根据内容相关性进行回答。
- 每个 Agent 可选择多个知识库。
- 目前，SkyAgents 平台支持三种导入方式，分别是文本、文档、问答对。
- 文档导入目前支持结尾格式为 pdf、doc、docx、txt 和 md 格式的文档。
- 上传文档不能超过 10MB。

> **Tips**
> 其中 pdf 文档内文字是可复制的，扫描版的 pdf 不支持上传。

3.2.4 规划

"规划"功能确实是一种强大且直观的工具，用于设计和配置 Agent 的能力。通过拖拽连线的方式，用户可以将不同的功能模块串联起来，从而创建一个能够按照预定流程执行任务的 Agent。这种方式不仅使得"任务规划"变得更加清晰和易用，还提供了高度的自定义能力，如图 3-5 所示。

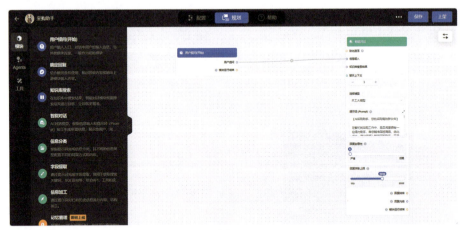

图3-5

3.2.5 模块

每个功能模块代表一种操作，有用户提问、确定回复、知识库搜索、智能对话、信息分类、字段提取、信息加工。用户了解每个模块的基本功能，以及输入/输出要求，就可以进行组合。如图3-6所示。

（1）用户提问（开始）

利用"用户问题"模块，我们可以捕捉用户的提问或选择的信息，并将这些信息传递给其他相关的模块，如图3-7所示。

• 模块运行结束：可设置当模块运行结束时，设置下一步的动作。

• 彩色空心圆圈为数据节点，用于各个模块之间的连线。

（2）确定回复

当需要向用户传达特定内容时，可启用确定回复模块，此时用户会直接接收到回复内容文本框内设置的信息，如图3-8所示。

• 联动激活：同时满足上游所有条件方可激活当前组件执行逻辑，即"如果满足××条件，则执行该模块"。

• 回复内容：连接外部输入内容将覆盖输入框内容；支持使用\n实现换行，多次使用可实现多次换行；支持使用"---"实现实线分割。

（3）知识库搜索

知识库模块能够存储常见的用户问题，方便后续搜索和查找。用户可以通

图3-6

图3-7

图3-8

过输入问题，系统会在知识库中匹配相关内容，并以自然语言形式输出相应解答，如图3-9所示。

- 信息输入：给大型语言模型输入必要的信息作为上下文。

- 关联的知识库：添加与本次需求相关联的知识库。

- 知识库相似度：用户知识库切片的向量匹配分数，根据搜索内容的不同，可以通过知识库中的"搜索测试"功能查看具体分数。当设置为0.5时，相似度达到或超过0.5的文本切片将作为搜索结果输出，并提供给其他模块的"知识库搜索结果"接口。

- 知识库单次搜索上限：控制最多返回引用切片数量，例如搜索到知识库里面满足提问要求的文本切片为10个，当设置为3时，会选择分数最高的3个切片进行模型总结。

- 输出内容：分别为未搜索到相关知识（下一步）、搜索到相关知识（下一步）、知识库搜索结果（以数组格式输出搜索结果）。

图3-9

（4）智能对话

用AI技术，通过大型语言模型对用户发送的内容进行处理，并生成指定的回复内容反馈给用户，如图3-10所示。

- 聊天上下文：将聊天记录作为上下文输入给智能体，使其在处理时能够参考更多信息，从而更准确地贴合用户的原本意图。

- 选择模型：目前支持的模型是天工大模型。

- 提示词：用自然语言即Prompt说明需要智能体回复的内容。

图3-10

- 回复创意性：智能体回复时的发散性思维程度由数值控制，数值越小，回答内容越严谨；数值越大，AI 的输出将更加发散和多样化。
- 回复字数上限：控制回复字数，最小 100 字，最大 5000 字。
- 输出结果：回复结束、回复内容。

（5）信息分类

智能体的分析功能，对用户问题进行分类，根据不同问题类型执行相应的操作，从而实现更高效的个性化处理，如图 3-11 所示。

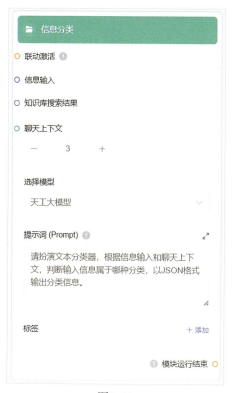

图3-11

- 提示词：这里的提示词是根据下面"标签"的不同进行判断输入信息属于哪种分类，以 JSON 格式输出分类信息。
- 标签：在获取用户输入信息后，智能体将根据 Prompt 中的分类要求，识别用户内容，并将其分配至对应的标签。用户内容可以同时分配至多个标签，通过与后续模块的连接，实现后续流程的自动化执行。

（6）字段提取

通过智能体对语义的深度理解，从输入信息中提取目标内容。这一功能常用于提取搜索关键词、SQL 语句等内容，并可结合 API、工具和应用模块，实现多样化和复杂的功能需求，如图 3-12 所示。

• 提示词：通过自然语言定义信息提取规则，从中创建对应的字段 Key（支持英文或数字）及其描述。提取结果以 JSON 格式输出。

• 提取字段：提取包括描述和字段，描述是提取信息的判定规则。可提取多个字段，如图 3-13 所示。

图3-12

图3-13

• 完全提取：用户的回复中包含"提取字段"中的全部内容。

• 必填完全提取：用户的回复中包含"提取字段"中"必填"字段的全部内容。

• 提取缺失：用户的回复中，"提取字段"有缺失。

• 全部提取结果：输出一个 JSON 字符串，包含所有"提取字段"中的内容。

（7）信息加工

通过提示词对信息进行加工，以获得符合需求的内容，如图 3-14 所示。

• 提示词：这里的提示词说明需要智能体

图3-14

对内容处理加工的要求。

• 回复结束：输出"是 / 否"，可作为下一个组件的触发器，状态指标，表示当前回复结束。

• 加工结果：输出加工后的结果。

3.2.6 工具

SkyAgents 除自身模块外，还支持集成第三方工具模块。在构建 Agent 时，可以直接使用线上已开发的工具。智能体将不断引入更多实用高效的工具，以满足更加多样化的场景需求。如图 3-15 所示。

图3-15

图3-16

（1）HTTP 调用

HTTP 调用是一个可以通过 Agent 与指定链接发送 GET/POST 等方式的请求，从而实现数据交换和通信，如图 3-16 所示。

• 请求地址：输入请求的地址、token、header 等数据。

• 全部请求参数：将外部输出的内容作为入参，需要为 JSON 格式。

• 添加入参：有特定入参需求的请求，设置参数名及参数 Key，新建的参数节点为可连接外部输出的内容。

• 添加出参：设置参数名及参数 Key，将请求返回的 JSON 进行解析，对指定参数 Key 值进行输出。

- 请求成功：布尔类型，链接下游"联动激活"开关，即"当请求成功的时候，则执行×××模块"。

- 请求异常：布尔类型，链接下游"联动激活"开关，即"当请求异常的时候，则执行×××模块"。

- 请求结果：将请求的结果进行输出，通常为JSON格式的字符串。

- 模块运行结束：链接下游"联动激活"开关，即"当模块运行结束的时候，则执行×××模块"。

（2）天工搜索

天工搜索采用生成式搜索方式，通过用户输入的问题，搜索引擎提取相关文章，并由智能体对这些文章内容进行总结后，以简洁明了的形式呈现给用户，如图3-17所示。

图3-17

（3）图片生成工具

通过理解用户输入的描述性文字或者链接上的一个触发器，将其转化为对应的图像内容，依托天工大模型，支持多种风格和场景图像创作，如图3-18所示。

（4）天气查询

天气查询工具，可以在规划中，仅需简单地配置，即可快速实现天气查询功能，输出某个城市的天气数据，如图3-19所示。

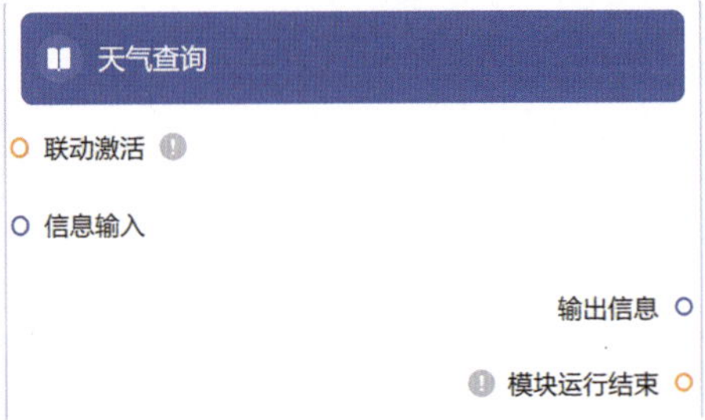

图3-18

图3-19

> **Tips**
>
> 工具里面的信息输出节点，会将所需要输出的信息转化为 JSON 格式输出，需要通过"信息加工"模块，来重新加工 JSON 数据，使其或者通过"AI 对话"模块，将内容连接至智能体，再进一步处理文本并输出。

3.2.7 节点

在规划画布编排中，必须熟知节点类型及颜色代表的含义，会有助于更好地理解 SkyAgents 的编排规划，如图 3-20 所示。

图3-20

① 黄色节点：布尔型数值，与其他布尔型节点连接。
② 蓝色节点：字符串类型，与其他字符串类型节点连接。
③ 紫色节点：仅为知识库搜索结果，用于输入输出知识库搜索结果。
④ 青色节点：仅为上下文，用于输入输出"上下文"相关节点。
⑤ 连接原则：同颜色（同类型）节点互相连接，不同颜色节点不可连接。

3.3 手把手用SkyAgents创建内部私人助理

SkyAgents 通过模块化任务组件和结构化提示词，可以快速创建个性化的智能体，接下来手把手创建一个"内部私人助理"智能体。

3.3.1 设计流程

创建私人助理智能体的核心，需要智能体能够理解用户提出的是与行政、人事、财务或其他等制度相关的问题，再从企业内部知识库中读取管理制度、操作流程和政策细则，并基于这些内容为用户提供实时解析和交互式问答，如图3-21所示。

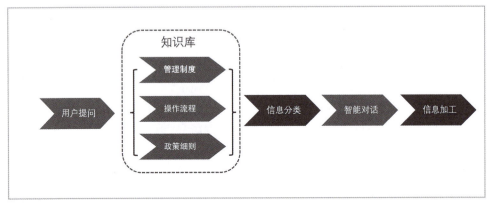

图3-21

（1）确认应用场景

私人助理智能体适用于企业内部管理场景，能够高效解析行政、人事、财务、采购及营销等制度细则，为员工提供及时、准确的解答。它可用于日常制度查询，如"财务报销流程""请假审批要求"等，也能支持员工培训和入职指导，通过智能化解答帮助新员工快速熟悉企业规则。此外，私人助理还能为跨部门沟通提供支持，结合知识库和实时信息检索，为复杂业务流程提供建议。

（2）结构化知识库

配置私人助理智能体的知识库需要整合企业内的各类管理制度与文档，以确保智能体能够精准、高效地解答员工问题。比如上传所需的行政、人事、财务、采购和营销等部门的政策文件、流程说明及操作指南，接着，对文档内容进行分类和切片处理，确保知识库能够快速检索到相关片段，然后配置智能检索规则，通过向量化技术和关键词匹配提升召回精度。

（3）设计流程

用户输入信息，智能体调用知识库里对应管理制度的同时调用信息分类解析信息属性，然后通过智能对话以及信息加工回复相应的搜索内容，如果没有对应的知识库信息也可以回复用户相应的建议。

3.3.2 配置知识库

接下来将用一个关于人事制度里面请假的咨询以及采购制度的咨询分别模拟内部私人助理 Agent 的创建过程，这里先用相关内部制度配置知识库。

步骤01　打开 SkyAgents 首页，注册登录后在首页左侧单击"知识库"按钮，如图 3-22 所示，再单击创建知识库。

图3-22

步骤02　根据弹窗提示，填好知识库的相关资料以及设置，单击"确定"按钮，如图 3-23 所示。

图3-23

步骤03 进入上传界面，单击上传图标，将《××集团考勤管理办法》及《××集团内部采购管理办法》两个文档成功上传，如图3-24所示，然后单击更新知识库。

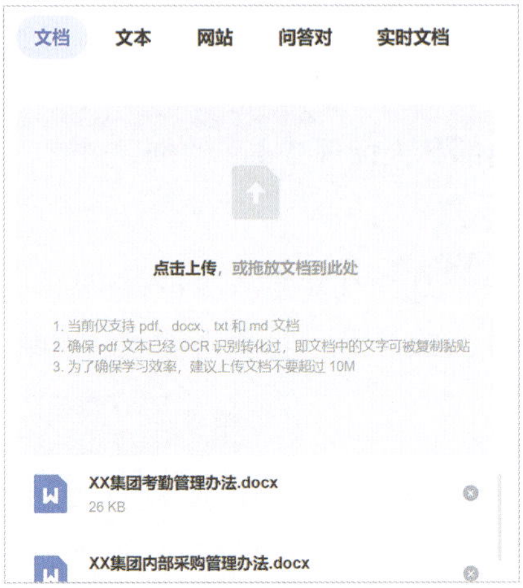

步骤04 上传成功后会在网页里呈现完整的文档清单，如图3-25所示，即成功创建知识库，单击"导入数据"按钮可继续上传需要的文档或其他文件类型以填充知识库。

图3-24

图3-25

3.3.3 创建智能体

创建智能体主要是从智能体配置步骤，画布规划的步骤，帮用户快速熟悉SkyAgents平台的编排逻辑。

步骤01 回到智能体首页，单击"+"创建智能体按钮，进入智能体的编排界面，在"配置"菜单栏下，左侧是配置菜单，右侧是预览界面，首先按照界面要求的选项依次填入，其中名称、描述、类型是必填项，如图3-26所示。

图3-26

步骤02 下拉配置页面，继续填写提示词，单击"+"添加按钮，配置好已经创建成功的管理制度知识库，如图 3-27 所示。

3.3.4 画布编排

智能体的基本信息配置完毕，单击页面顶部中间的规划选项，界面变成编排画布，如图 3-28 所示，"用户提问"模块一般是默认已经在画布中央，接下来将用添加模块和连线节点的方式完成一个完整的工作流程。

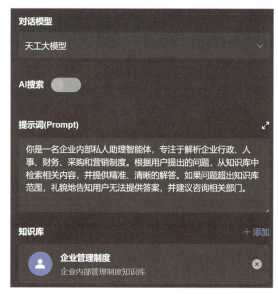

图3-27

图3-28

步骤01 通过"用户提问"模块，获取用户输入信息，并通过"用户提问"输出，拖拽"知识库搜索"模块和"信息分类"模块进入画布，后执行如下步骤，如图 3-29 所示。

图3-29

• 连线"用户提问"模块的用户提问节点至"知识库搜索"模块的信息输入节点。

• 连线"用户提问"模块的用户提问节点至"信息分类"模块的信息输入节点。

• 连线"知识库搜索"模块的搜索到相关知识节点和"信息分类"模块的联动激活节点。

• 连线"知识库搜索"模块和"信息分类"模块的知识库搜索结果节点。

• 设置知识库与信息分类模块的相关参数。

步骤02 拖拽两个"智能对话"模块进入画布,执行如下步骤,如图3-30所示。

• 连线"知识库"模块和两个"智能对话"模块的知识库搜索结果节点。

• 连线"用户提问"模块的用户提问节点至"信息分类"模块的信息输入节点。

• "信息分类"已设置了两个标签,分别将标签后面的节点连线"智能对话"模块的联动激活节点。

- 设置智能对话模块的相关参数。

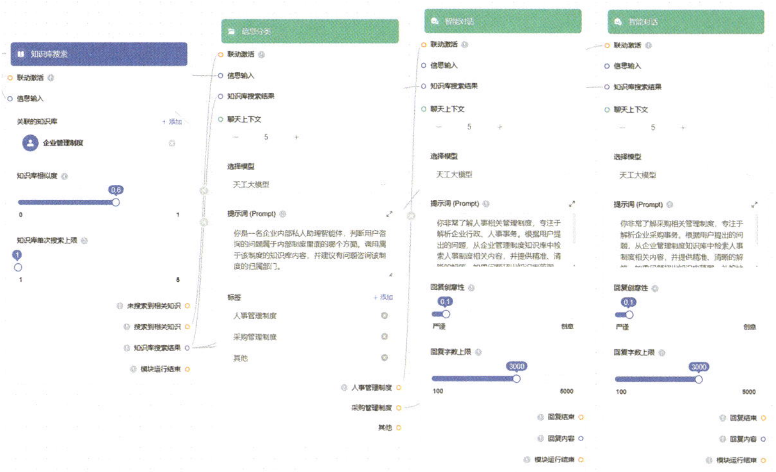

图3-30

步骤03 拖拽一个"信息加工"模块进入画布,执行如下步骤,如图 3-31 所示。

- 将两个"智能对话"模块的回复内容节点都连线到"信息加工"模块的信息输入节点。
- 设置信息加工模块的相关参数。

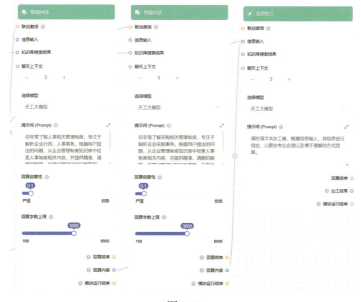

图3-31

步骤04　最后拖拽一个"确定回复"模块,用于在知识库里面未能检索到相应制度的情况的回复,分别将"知识库搜索"模块的未检索到相关知识节点、"信息分类"模块的其他标签节点,都连线到"确定回复"模块的回复内容节点,文本内容如图3-32所示。

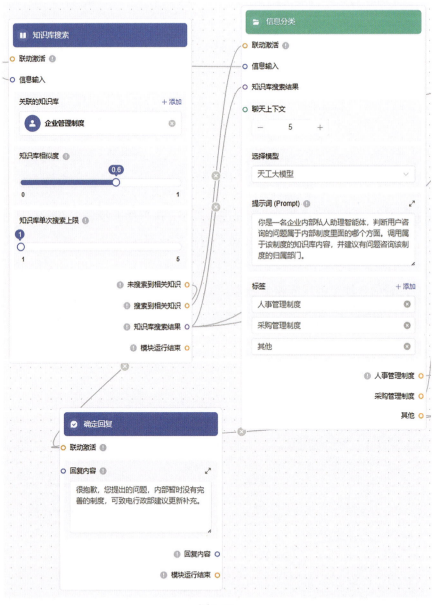

图3-32

3.3.5 Agent预览

画布编排结束，可以预览智能体的效果，如图 3-33 所示，先单击右上角的"保存"按钮，再单击"预览"按钮，会回到智能体配置界面，在右侧的预览界面输入用户问题。

图3-33

预览测试分别使用了人事管理制度（如图 3-34）和采购管理制度（如图 3-35），也测试了跟知识库内容无关的制度（如图 3-36）。

图3-34

图3-35

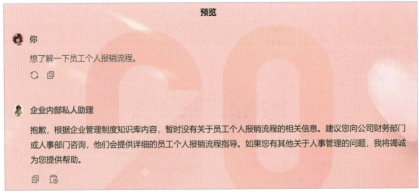

图3-36

对照管理制度可以看出，智能体能清晰理解指令并在专业且不违背原有制度规则的前提下做出回复。

3.3.6 Agent上架

单击页面右上角"上架"按钮，就可以在SkyAgents市场中简便快速地发布上架，勾选同意客户使用协议，单击确定后，再次返回首页，即可在"发现Agents"中"Agents市场"查看到已经上架的企业内部私人助理Agents，如图3-37所示。

图3-37

3.4 智能体发布

编排界面右上角，单击"…"按钮，选择发布，如图3-38所示。

图3-38

选择 HTTP 应用，如图 3-39 所示，编辑链接，设置分享链接名称、有效期以及使用方法，即可打开链接或者复制链接，就可以在支持网络链接地址的平台直接使用智能体。

图3-39

选择 API 服务，则需要借助 API Key 完成大模型相关功能，如图 3-40 所示。并且在持续使用 SkyAgents 平台过程中，如果需要获取更多 tokens，都建议在天工开放平台进行预充值，以确保 API Key 有相应额度，支持微信和支付宝等支付方式。

图3-40

第 4 章

讯飞星火智能体

科大讯飞星火智能体平台，作为一项集成了先进人工智能技术的创新产品，自发布以来便在企业应用领域引起了广泛关注。这个平台基于科大讯飞深度开发的星火认知大模型，通过自然对话方式理解和执行任务，极大地提升了跨行业的生产力。

星火智能体不仅涵盖了从文本处理到复杂逻辑推理的基础语言处理能力，还扩展到了多模态交互和个性化服务等高级功能，为用户提供了一个全面、智能的解决方案平台。平台的多功能性使其成为教育、医疗、金融等多个行业的强大工具，不仅优化了工作流程，也提高了任务执行的精确度和效率。

讯飞星火原生应用已全面接入 DeepSeek 系列模型（如 R1 和 V3），通过 API 调用提升用户体验，讯飞开放平台上线 DeepSeek 全线产品，形成"星火 +DeepSeek"双引擎生态。随着技术的不断进步和更新，讯飞星火智能体已经在国内外市场上赢得了极高的声誉，预示着企业智能化转型的新方向。

4.1 平台特点

星火智能体平台提供的不仅是基础的任务执行支持，而是一系列深度集成的智能服务。这些服务通过精确的语言理解和响应能力，使得平台能够在各种实际应用场景中快速、高效地工作。

① 基础语言处理能力：星火智能体能够生成多种类型的文本，能够理解复杂的用户查询，并提供准确的知识问答服务，无论问题多么专业或详细。

② 多模态交互能力：支持视觉与语言的无缝整合，用户可以通过上传图片并结合文本查询，进行深入的互动交流。这种多模态交互能力大大拓宽了用户与智能体的沟通方式，提高了交互的自然性和效率。

③ 个性化服务："个人空间"功能允许用户上传并整合自己的数据，如文档、图片和视频等，使智能体能基于这些个人资料提供高度定制的服务。

④ 智能教育辅导：星火智能体在智能教育辅导方面提供非常专业的支持，比如为学习者提供个性化的教育辅导和语言学习支持，比如自动化作业批改、语

言练习以及学习建议。

⑤ 代码相关功能：讯飞星火提供代码自动生成、解释和优化服务，支持 Python、Java、C++ 等多种编程语言。这些工具不仅加快了开发过程，还帮助开发者提高代码质量和性能。

⑥ 语音交互功能：平台配备先进的语音识别技术和多样化的语音合成选项，支持多种语言和方言，确保语音输入的准确性和语音输出的自然性。用户可以通过语音与智能体进行高效交流，特别适用于移动场景和多任务环境。

⑦ 智能图像识别与多模理解：讯飞星火能够分析和理解图像内容，并结合相关文本信息提供综合解答或生成描述。这一功能在图像识别、内容创作等领域具有广泛的应用前景。

⑧ DeepSeek 接入与功能增强：星火智能体平台允许开发者调用 DeepSeek 模型，补充特定能力，比如助力智能体在数学、简历等场景的优化。

4.2 基础功能

讯飞星火智能体专为大模型应用的开发全生命周期设计，提供从构建、调试、集成、优化到分发的一站式开发支持。此平台基于"1+N+X"大模型架构，配备全面的大模型应用开发工具链，极大地提升业务构建、高效能大模型应用的能力。平台高度灵活的流程编排功能，使得无论用户是否具备编程背景，都能通过简单的拖拉拽操作，迅速构建出符合个性化需求的应用。平台支持一句话指令创建、编排创建和申请入驻等多种方式，允许用户根据不同的需求快速有效地部署智能体。如图 4-1 所示。

不仅如此，该智能体功能专为处理逻辑复杂且对稳定性有严格要求的任

图4-1

务流而设计。接下来将主要以创建高阶智能体的编排能力来说明智能体的功能。星火智能体提供了一种可视化的界面，允许用户将插件、大型语言模型、代码块等功能模块进行灵活组合，从而高效地编排复杂且稳定的业务流程。编排页面左边是功能区—节点，提供了五种类型的节点，包括基础节点、工具节点、逻辑节点以及转换节点；右边是画布区域，通过按任务顺序连接这些节点，能够组合出丰富的功能，如图4-2所示。

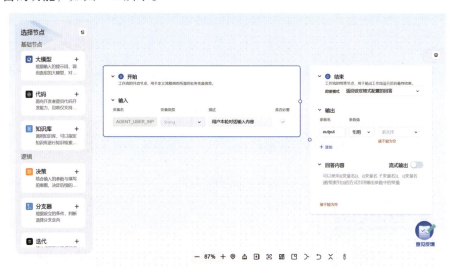

图4-2

4.2.1 开始节点

开始节点用于开启触发一个智能体，开始节点固定一个变量，变量名AGENT_USER_INP，变量类型为String数据类型，不支持修改变量名和变量类型，仅支持编辑描述，如图4-3所示。

图4-3

> **Tips**
>
> 所有节点设置的变量或参数名称只可以由字母、数字、下划线构成，且要以字母或下划线开头，名称长度不超过 30 个字符。

4.2.2 结束节点

结束节点用于输出智能体的结果，如图 4-4 所示。

① 回答模式：返回参数，由工作流生成和返回设定格式配置的回答。

② 输出：结果为结构化数据，可设置多个变量作为输出。

③ 回答内容：可以自定义文本 + 变量，支持流式输出。

图4-4

4.2.3 大模型节点

基于大型语言模型，按照输入的提示词处理和生成复杂的语言任务，如图 4-5 所示。

① 回答模式：选择要使用的大模型，单击配置图标，调整模型配置。

② 输入：允许用户选择是否携带 bot 上下文，支持用户自定义输入参数。

③ 提示词：大模型人设，允许用户输入且支持提示词优化功能。在提示词中支持使用 {{input}} 引用输入参数。

④ 输出：支持指定输出格式，包括 text 和 JSON。

图4-5

4.2.4 代码节点

代码节点允许用户在集成开发环境（IDE）中编写或自动生成代码，目前仅支持 Python 语言，以处理输入参数并返回相应结果，如图 4-6 所示。

① 输入：如果代码中需要入参，可以在输入参数自定义。

② 代码：代码编辑页面默认展示一个参考代码示例，可直接使用输入参数中的变量，并通过 return 来输出处理结果。此功能支持编写多个函数，但仅支持编写一个 main 函数；点击 AI 代码，输入想要生成的内容，按 Enter 键即可。

③ 编辑代码：支持 AI 代码，输入测试以及输出结果呈现。

图4-6

④ 输出：输出定义的变量名、类型与代码的 return 的需要完全一致。

⑤ 代码使用限制：当前支持 300+python 包。

4.2.5 知识库节点

知识库节点根据输入参数，从特定知识库中检索并返回匹配的相关信息，如图 4-7 所示。

① 输入：固定输入参数，可以引用需要变量。

② 知识库：添加知识库，选择需要使用的知识库。

③ 参数设置：Top K 值，用于筛选与用户问题相似度最高的文本片段。系统同时会根据选用模型上下文窗口大小

图4-7

动态调整分段数量。

④ 输出：固定类型，节点会根据参数值召回关键内容。

4.2.6 决策节点

决策节点能够准确识别用户的输入意图，并根据这些意图将操作引导到相应的处理分支，决策节点主要决定后续的逻辑走向，如图4-8所示。

① 回答模式：选择执行意图识别的大模型，支持设置模型在此节点中的生成多样性等参数配置，使模型效果更符合预期。

② 意图：用户意图的分类选项支持灵活配置多个类别。一旦识别到与这些类别相匹配的意图，处理流程将被自动引导至对应的后续节点。如果未能在此处定义的分类中找到匹配的意图，则会触发一个兜底策略来处理该情况。

图4-8

③ 高级配置：可定义额外的系统提示词，增强用户输入与意图匹配的成功率，可以使用 [[变量名]] 方式输出。

④ 输出：固定输出，输出匹配的意图名称；class_name：意图名称，可作为变量被后续节点引用。

4.2.7 分支器节点

此节点是一个 if-else 逻辑节点，用于在工作流中设计条件分支，如图4-9所示。

当接收到输入参数时，节点会判断这些参数是否符合"如果"条件。如果

图4-9

符合，则执行"如果"对应的工作流分支。

如果不符合，则执行"否则"对应的分支。每个分支条件都高度灵活，支持设置多重判断条件（包括"且"和"或"逻辑），并允许配置多个条件分支。用户可以通过拖拽分支条件配置面板，轻松调整各分支的优先级，实现精确的流程控制。

4.2.8 迭代节点

迭代节点设计用于重复执行一组固定的任务，功能相当于编程中的 for 循环结构。主要用途是遍历一个预定义的序列集合，对集合中的每个元素执行预设的操作步骤，如图4-10所示。

迭代子节点：系统会自动生成一个循环节点和相应的循环体画布。用户只能在展开的迭代节点画布中添加新节点或将新节点拖入迭代节点画布。不允许将外部节点拖动到迭代节点内部，同样，迭代节点内的节点也不能移动到外部。

迭代节点不支持嵌套循环，即不能在一个循环节点内部添加另一个循环节点。

图4-10

4.2.9 变量存储器

可以定义多个变量，在整个多轮会话期间持续生效，用于多轮对话期间内容保存，新建会话或删除会话聊天记录后，变量将会清空，如图4-11所示。

图4-11

① 设置变量值：设置该节点之前的变量提取器定义的变量，会更新其值。
② 获取变量值：当需要使用变量值时，需先获取变量值。

4.2.10 变量提取器

结合提取变量描述，将上一节点输出的自然语言进行提取，如图4-12所示。

图4-12

① 输入：可自定义多种类型的参数。

② 输出：可自定义多种类型的参数，每个参数会根据参数描述提取输入参数中的相关信息。

4.2.11 文本拼接

文本拼接节点专门用于处理多种类型的输入数据，进行字符串级别的操作。该节点在多个应用场景中非常有用，包括对内容进行二次总结、执行文本拼接，以及进行文本转义等，它为用户提供了极大的便利和灵活性，如图4-13所示。

① 输入：可自定义多种类型的参数。

② 规则：将输入中指定的内容根据一定顺序拼接为一个字符串。

③ 输出：固定输出；output：拼接好的字符串。

图4-13

4.2.12 消息节点

在工作流中可以实现中间过程消息的输出,如图4-14所示。

图4-14

① 输入：可自定义多种类型的参数。

② 回答内容：回答内容可以自定义文本＋变量，支持流式输出，在工作流运行过程中，智能体会直接用这里指定的内容回复对话。

4.2.13 工具节点

星火智能体已集成的官方工具类型丰富，利用这些插件，可以有效拓展智能体的能力边界，若官方工具无法满足特定需求，还可以创建自定义工具，工具节点需要设置输入参数、输出参数，如图4-15所示。

图4-15

4.2.14 画布按钮

画布下方按钮从左到右，依次是缩小放大、定位初始节点、清空画布、创建副本、查看缩略图、自适应视图、优化布局、切换折线/曲线、收起全部节点、切换自主/跟随模式等功能，如图4-16所示。

图4-16

4.3 手把手用星火智能体创建游戏生成器

用讯飞星火智能体创建一个游戏生成器，不仅需要对应用场景的精确定义和设计流程的周密规划，还需要了解图形化的界面通过拖拉拽添加和配置节点，无须深入底层代码，来实现复杂的业务逻辑和数据处理任务。

4.3.1 设计流程

通过详细的设计流程，能够确保游戏生成器不仅功能全面，而且易于使用，能够满足目标用户群体的需求。

（1）确认应用场景

首先需要明确其应用场景。这涉及确定生成器需要解决的具体问题、目标用户群体及他们的需求。例如，如果目标是为编程新手提供一个简易的游戏设计工具，应用场景可能会围绕用户无须编写复杂代码即可创建简单的 2D 或小型游戏。

（2）设计流程

用户利用大模型节点输入游戏的定义信息，比如初始概念和要求，再利用大模型节点生成游戏的基础代码框架，智能体接收代码框架后调用代码节点对生成的代码框架进行测试和修正，确保没有编程错误或逻辑漏洞，最后通过大模型智能对话以及代码节点的加工回复相应的代码格式，如图 4-17 所示。

图4-17

4.3.2 创建智能体

流程设计已经非常清晰，接下来就可以按照工作流的具体功能来创建游戏生成器。

步骤01 讯飞星火智能体创作中心的入口在讯飞星火大模型的首页，进入星火大模型的首页即可看到左侧"+ 创建智能体"菜单栏，另外还有"更多智能体"菜单栏可以进入智能体广场，里面有很多由注册会员发布的不同类目的智能体，还有"数据分析助手""绘画大师""讯飞晓医""讯飞智文""讯飞绘文"以及"述职报告小能手"等官方助手可供选择使用，如图 4-18 所示，选择"+ 创建智能体"。

图4-18

步骤02 在弹窗里选择"创建高阶智能体"选项，单击后在"编排创建智能体"弹窗里依次输入智能体名称"一句话生成游戏"，然后在名称前面单击"AI生成"按钮，生成智能体图标，也可以单击"+"按钮上传本地图片，接着在创建方式里面单击"自定义创建"按钮，如图4-19所示。

图4-19

步骤03 进入编排界面，开始节点和结束节点已默认添加，在左侧拖拽一个大模型节点到画布，或者单击大模型节点右上角的"+"按钮添加，鼠标放在节点的蓝色连接点，在鼠标变成+号形态时单击后拖拽至另一个节点的蓝色连接点即可连线两个节点。重命名大模型节点为"需求解析"，选择回答模式为"DeepSeek-R1"模型，输入栏引用开始节点的"AGENT_USER_INPUT"，在提示词输入框里面输入prompt，然后在输出栏选择输出格式为"text"，变量名改为prd（产品需求文档），如图4-20所示。

图4-20

步骤04　再添加一个大模型节点，连线需求解析大模型，重命名为"代码编写器"，输入栏引用"需求解析"节点的"prd"，在提示词输入框里面输入prompt，然后在输出栏选择输出格式为"text"，变量名改为code（Python代码），如图4-21所示。

步骤05　添加一个代码节点，并连线代码编写器节点，重命名为"代码运行测试"，输入栏引用"代码编写器"节点的"code"，在代码输入框里面输入代码，然后在输出栏变量名改为dict，变量类型为String，如图4-22所示。

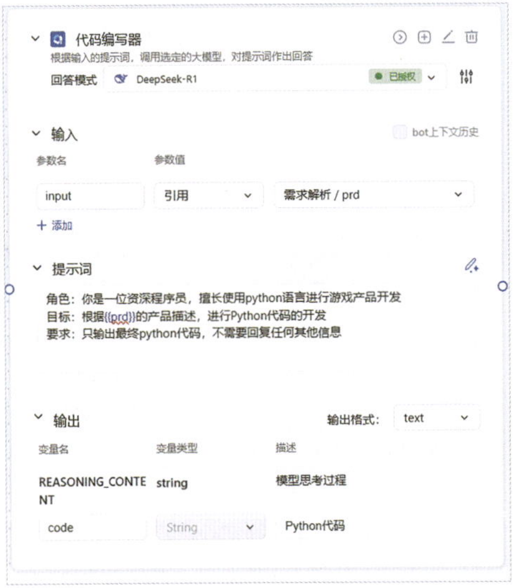

图4-21　　　　　　　　　　　　图4-22

当编写比较复杂的代码，可单击"编辑代码"按钮，进入编辑弹窗，如图4-23所示，还具备AI代码、输入测试和输出结果功能。

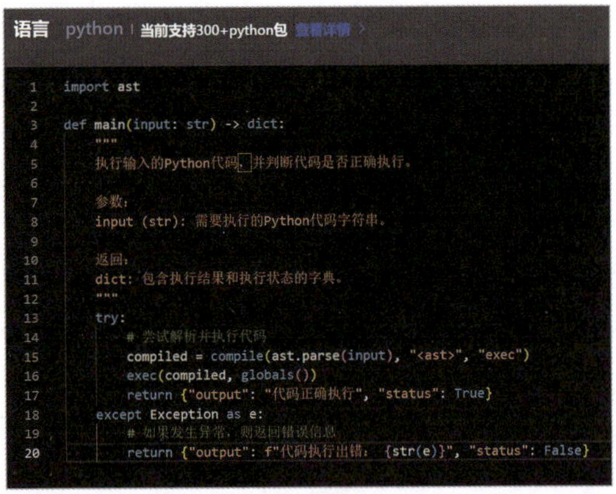

图4-23

步骤06 添加一个分支器节点，并连线代码运行测试节点，重命名为"判断"，分支栏里如果条件引用代码运行测试里的输出变量，选择条件为"包含"，比较类型选择"输入"，比较值里面填写"正确"，如图 4-24 所示。

图4-24

步骤07 通过分支器可以看出，工作流会有两种运行结果，第一种是满足如果的条件，需要添加一个大模型节点，与如果条件后面的节点连接，重命名为"结果输出梳理"，回答模式选择的是 DeepSeek 的基础模式 V3，具体参数输入如图 4-25 所示。

图4-25

步骤08 第二种结果就是否则条件，添加一个大模型节点到画布，重命名为"debug"并连接判断分支器的否则节点，回答模式还是选择DeepSeek-V3，将输入、提示词、输出设置参数如图4-26所示。

图4-26

步骤09 复制一个"代码运行测试"节点，连接"debug"节点，输入设置修改如图4-27所示。

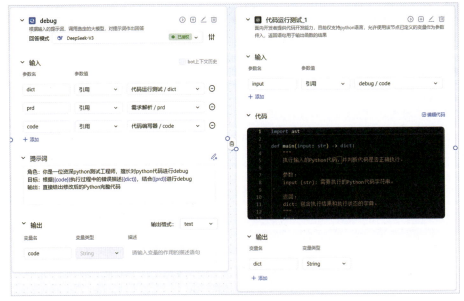

图4-27

步骤10 将"代码运行测试1"节点连接至"结果输出梳理"节点,并增加一个输入参数 input2,同样在提示词里也增加相应参数,如图4-28所示。

图4-28

步骤11 最后将"结果输出梳理"节点连接至结束节点,输出参数为结果输出梳理 output,完成提示词,如图4-29所示。

图4-29

4.4 测试与发布

在创建好一个智能体之后,发布之前可以对其进行测试,以确保其性能和功能均达到预期。测试环节至关重要,它能帮助发现并修复问题,提升创建体验。

4.4.1 测试

画布编排结束,整体工作流如图4-30所示。

图4-30

单击右上角"调试"按钮,出现智能体对话框,测试一句话生成一个小游戏,单击发送按钮,从开始节点依次亮起"运行中",编程会耗用几分钟时间,最后结果如图4-31所示。

调试过程中没有出现报错,即可单击页面右上角"发布"按钮,在弹窗里面完善智能体的简介和输入示例等,如图4-32所示。

图4-31

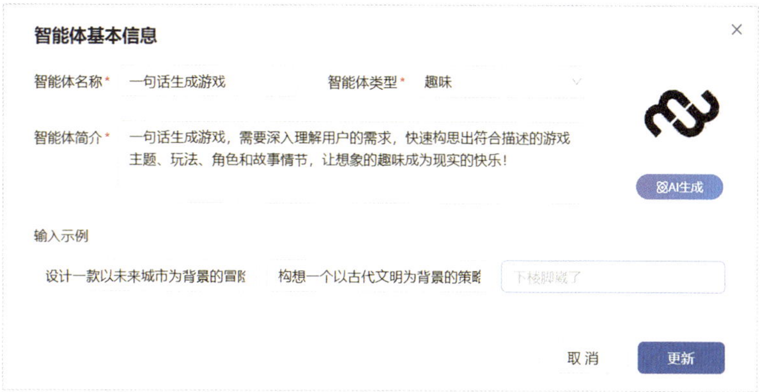

图4-32

4.4.2 发布

测试后没有问题就可以单击"更新",再次单击"发布"按钮,即可选择发布渠道,如图4-33所示。

图4-33

- 发布至讯飞星火 desk,以及星火 app(App 网页版),还有微信公众号(服务号)。单击"发布"按钮即可在相应的平台使用智能体。
- 发布平台配置微信公众号(服务号),需要在服务号的后台复制相应的 AppID 绑定授权后可运营使用。

- 发布为 API，将智能体的 API 接口集成到外部应用中直接使用，需要具体配置的参数如图 4-34 所示。

图4-34

除了发布，星火智能体还可以直接通过分享使用，在智能体创建助手页面找到新创建的智能体，单击右下角"分享"按钮，如图 4-35 所示。

复制 HTTP 链接可以直接粘贴到浏览器的页面版使用，而复制微信链接则可以在微信 APP 里面通过小程序直接使用，如图 4-36 所示。

图4-35

图4-36

第 5 章

豆包智能体

5

豆包是字节跳动公司基于云雀模型开发的 AI 工具，提供聊天机器人、写作助手以及英语学习助手等功能，它可以回答各种问题并进行对话，帮助人们获取信息，支持网页、客户端、APP、插件等形式。

用户可以与其进行互动，获取信息和学习帮助，同时体验 AI 生成的多样化图片。该助手旨在通过智能化服务提升用户体验，增加互动乐趣。目前豆包在国内的月活已经有 2600 万，算是目前国内活跃规模最高的 AI 产品，目前应用内已经累计创建了 800 万 + 智能体。

用户可以在豆包上创建自己的智能体，这些智能体可以用于个人使用，也可以公开给他人使用。智能体平台的引入，极大地拓展了豆包的应用场景和个性化程度，使得每个用户都能拥有专属于自己的 AI 助手。

5.1 平台特点

与文心一言等 ChatAI 类的产品不同的是，豆包的产品定位更倾向于成为一个综合性的 AI 智能体（AI Agent）平台，产品整体的交互形式以智能体的形式呈现，通过一个个智能体（Agent）的方式满足用户在不同应用场景的使用需求，并在对话界面上就对各种功能的智能体进行了分类，优化了用户的体验感；通用场景下，用户可以和"豆包"默认智能体聊天对话，也可以寻找其他垂直应用的智能体对话解决垂直场景的问题。最特别的是，豆包里能创建属于自己的 AI 智能体，通过选择不同的说话风格、技能和背景，打造个性化的交互体验，创造一个属于自己的小助手。

在豆包 AI 平台上，用户可以找到三种类型的智能体：豆包默认的基础智能体；官方创建的 25 个专业智能体，覆盖不同领域；用户自己创建的近 800 万个个性化智能体。

最特别的是它与字节系产品的深度整合。用户可以在抖音、今日头条等平台直接使用豆包 AI 的功能，这种无缝衔接大大提高了使用便利性。

零代码智能体是面向无代码能力客户或业务人员，通过可视化的表单化创建以及开箱即用的基础插件，快速实现零代码智能体的搭建与体验服务，从而降低智能体应用的开发门槛。

① 表单化创建：采用可视化的表单创建方式，用户无须编写代码，即可搭建智能体应用。

② 开箱即用：通过可视化表单创建以及模块化封装的基础插件，无须编码能力，普通业务人员也可轻松构建智能体应用。

③ 灵活配置：提供可供用户快捷配置的知识库、联网等基础插件，并支持智能体的角色设定、对话开场白等个性化选项。

④ 开放生态：底层充分开放的大模型生态，包括提供多个优质开源模型、基础插件库、公开智能体广场等。

⑤ 快速体验：创建完成后即可进行对话交互，快速获取智能体体验反馈。

5.2 基础功能

智能体，其实这就是具有智能的实体，以云为基础，以 AI 为核心，构造一个出色的智能系统。豆包中的智能体，其实就是指各种各样的 AI，比如"豆包"本身，就是一个非常典型，且非常综合的智能体，它具备问答、文案撰写、图片生成、搜索摘要等功能。不过，并非所有智能体都和豆包一样属于"综合型"的，有的智能体可能专注于写作、陪聊、英文练习、游戏攻略，属于"术业有专攻"型。

因为移动端豆包 App 的智能体功能更齐全，所以后续的功能介绍以及案例主要是基于移动端豆包 App。

5.2.1 官方智能体

豆包平台已为用户提供了多种官方发布的智能体，包括写作神器、PPT 大纲生成以及 AI 图片生成、编程助理等实用智能体。根据需求可以选择官方智能体直接使用。豆包提供的智能体资源，可以高效地满足用户各类智能服务的需求。

① 对话：此页面展示了用户可以与不同角色（如豆包、猜人物、英语口语

聊天搭子等）的对话入口，可以快速找到并开启与相应智能体的交流，如图5-1所示。

② 发现：在该页面，用户可以看到各种分类标签，如推荐、春节、精选等，方便快速定位感兴趣的智能体。这里有"拍照识万物"智能体，可通过拍照识别物体获取信息；还有各类智能体，像能进行MBTI性格测试、剖析成绩的期末质量检测分析、热门IP角色奶龙等，满足性格测试、学习辅助、娱乐聊天等多样化需求，如图5-2所示。

图5-1

图5-2

③ 创作：智能体的主要创建页面，目前有四个创建路径，如图5-3所示。

• 创建AI智能体：用户可以根据自身需求创建专属的AI智能体，设定其特点、功能等，满足个性化交互和应用场景。

图5-3

- AI生图：能够依据用户输入的文字描述等指令，快速生成相应的图像，可用于创意设计、插画制作等多种用途。
- AI写真：通过AI技术为用户生成写真图片，提供不同风格、场景的虚拟写真效果，带来新颖的体验。
- 音乐生成：基于用户给定的要求或灵感，生成特定风格或主题的音乐，为音乐创作等活动提供助力。

④ 通知：主要用于展示应用内的各类消息提醒。用户可以在这里查看系统推送的重要通知，比如新功能上线、活动邀请、账户相关提醒等。图中显示的通知推广了豆包电脑版的写作、生图、AI阅读等功能，方便用户知晓并使用。若暂无新消息，会显示"暂未收到通知"。通过该功能，用户能及时了解豆包应用的动态和相关信息，如图5-4所示。

⑤ 我的：这个板块主要是用户的编辑信息、作品管理编辑以及常用功能的后台设置等，如图5-5所示。

图5-4

图5-5

- 个人资料编辑：可单击"编辑个人资料"修改信息，如昵称等，完善个人展示。
- 作品管理："作品"标签下可查看自己发布的图片、音乐等创作内容。
- 私密内容查看："私密"区域用于管理设置为私密状态的内容。
- 智能体相关："智能体"可管理创建或使用过的智能体。
- 收藏内容管理："收藏"能查看收藏的内容，方便随时查阅。

5.2.2 用户个性化智能体

即使没有在这些官方智能体中找到符合自己需要的，用户还可以使用其他用户发布的智能体，这里的智能体种类更多。其中包括人格测试、高情商回复、测智商等有趣且实用的内容，不过这些并非豆包官方开设的，用户可以视情况进行选择。

豆包用户自己创建的近800万个个性化智能体展示了用户如何通过人工智能提升自己的生活质量和工作效率。这些智能体的多样化和个性化特点，让AI技术的应用更加贴近普通用户的需求，进一步推动智能体的普及与发展。

在豆包首页"发现"，还能够查看并使用其他用户发布的智能体，其中分为推荐、精选、拍照问、头像生成、通话畅聊、学习等10多类，如图5-6所示。

图5-6

"发现"界面所呈现的其他用户智能体数量比较多，可以直接根据自己需求输入关键词搜索查找，例如搜索"英语"，就会出现所有与"英语"相关的智能体，包括豆包官方智能体和其他用户创建的智能体以及该智能体的使用人数，如图5-7所示。

用户可按照个人需求选择智能体进行使用，例如单击"英语口语聊天搭子"就可进入交互界面进行使用，如图5-8所示。

第 5 章 | 豆包智能体

图5-7

图5-8

5.2.3 创建个性化智能体

若在智能体库中未能找到满足需求的智能体，用户仍可充分发挥创意，创建专属于自己的 AI 智能体。豆包首页右上角的"+"按钮或者底部的"创作"，即可开始构建个性化的智能体，如图 5-9、图 5-10 所示，操作界面如图 5-11 所示。

图5-9

89

图5-10　　　　　　　　图5-11

① 头像：AI智能体的"外观"，用户可以上传自己喜爱的图片作为智能体的头像，从视觉上赋予其独特的个性与形象。头像有两种上传方式，除了上传用户本地的图片以外，也可以使用"AI生图"，如图5-12所示。

② AI生成形象：描述自己想生成的图片，并且可以添加参考图，还选择图像风格：厚涂、写实、动漫、工笔画，风格可以多选；这些步骤可以帮助AI生成更符合用户需求的图片，如图5-13所示。

系统会自动生成10张可选择的图片，左右滑动即可查看，选择符合自己要求的图片，即可上传为头像。如果对生成的图片不满意

图5-12

可以选择"上一步",重新描述再生成,如图 5-14 所示。

图5-13　　　　　　　　　　　图5-14

③ 名称:也就是给 AI 智能体取个好听好记的名字,这样方便用户在使用的时候能快速识别它。

④ 设定描述:类似 Prompt。相当于给 AI 智能体写一个"人设"一样,要填写对它设定的描述。描述智能体所扮演的角色、拥有的技能等特点,这样它在和用户或者其他人对话的时候,就能更符合用户期望的那种风格。

此外,创建智能体界面的"一键完善"可以直接根据智能体的名称生成"设定描述"和"头像"、介绍、开场白以及建议回复,帮助用户更好地更高效率地对智能体的设定和功能进行描述和表达,帮助用户创建更符合自己要求的智能体,如图 5-15 所示。

⑤ 声音:即设置智能体与用户语音对话时的声音,可以选择使用自己的声音或者豆包官方提供的其他声音,可以自由调节音高和语速,如图 5-16 所示。

图5-15

图5-16

⑥ 语言：智能体的语言可以选择中文或者英语，如图5-17所示。

⑦ 权限设置：这里面包含了三种不同的权限"公开·所有人可对话""不被发现·通过链接分享可对话""私密·仅自己可对话"，如图5-18所示。

图5-17

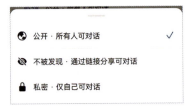
图5-18

⑧ 更多高级设置包括：介绍、开场白、建议回复。介绍即用一两句话描述智能体的功能。开场白是作为使用智能体时开启聊天的第一句话，例如"嘿，同学，跟我一起快乐学英语单词啊！"建议回复即开场白之后，用来引导用户发起聊天，可以设置三个"建议回复"也可以不设置，如图5-19所示。

第 5 章 | 豆包智能体

图5-19

5.2.4 PC端豆包智能体基础功能

PC 端豆包智能体功能与手机端 App 智能体功能基本一致，但功能相对较少，如图 5-20 所示。

图5-20

① 发现智能体：能够查看并使用其他用户发布的智能体，其中分为工作、学习、创作、绘画、生活这 5 类，种类比移动端要少，支持搜索智能体，如图 5-21 所示。

图5-21

② 创建 AI 智能体：构建个性化的智能体，在创建个性化智能体界面，可以看到有设置头像（图标）、定义其昵称（名称）、填写相关描述、并设定使用权限，与移动端相比，不能设置声音、语言以及高级设置，个性化设置较少，如图 5-22 所示。

AI 生成头像，跟移动端相比，缺少上传参考图片以及选择图像风格的功能，如图 5-23 所示。

图5-22

图5-23

5.3 手把手创建豆包智能体—数字分身

本节将详细介绍如何在豆包平台上创建并搭建属于自己的数字分身，将从基础设置开始，逐步指导用户如何根据个人需求定制数字分身的外观、功能和交互方式，打造一个能够高效、智能地代表用户的虚拟助手。无论是个性化的虚拟形象设计，还是智能体的任务配置，用户都可以根据自己的需求自由设定，让数字分身更好地融入日常工作与生活中。

5.3.1 设计流程

豆包智能体的设计流程是一个将用户需求与 AI 技术紧密结合的过程。主要从以下几大步骤展开。

（1）启动豆包

通过豆包官方网站或应用商店在电脑或手机上下载并安装豆包 AI 应用程序，安装后打开按提示注册登录，也可直接使用 PC 端网页版或豆包浏览器插件。

（2）创建移动端数字分身

运行界面，进入创建智能体界面。上传照片或自动生成智能体形象并选作聊天背景，输入名字与设定描述（可一键完善后修改），创建智能体后设置声音（克隆或选提供的）及名称，单击右上角电话符号语音聊天，后续可在相关位置调整完善或删除，还能添加到桌面或首页智能体列表使用。

（3）创建 PC 端数字分身

上传头像，输入名称、设定描述，或者直接"一键完善"后再按照自己的需求修改设定描述。选择权限即创建成功，后续若需使用，在"我的智能体"处可找到，也可进行修改或删除操作。

5.3.2 打开豆包AI

创建豆包智能体的过程比较智能化，用户可以通过百度豆包的官方网站或应用商店在电脑上或者手机上下载并安装豆包 AI 应用程序，安装好后打开豆包 AI，按照提示注册并登录，也可以不安装直接使用 PC 端网页版或豆包浏览器插件，如图 5-24、图 5-25 所示。

图5-24　　　　　　　　　　　图5-25

5.3.3 手把手创建移动端数字分身

在移动端和 PC 端创建数字分身在步骤上有一些细微的差别，此处分开讲解。

步骤01　界面里单击左下角"对话"按钮，进入对话界面，如图 5-26 所示。

步骤02　对话界面里除了豆包主体，还有很多分享的智能体。单击右上角"+"按钮，在菜单里选择"创建 AI 智能体"，如图 5-27 所示，进入创建具体界面。

图5-26　　　　　　　　　　　图5-27

步骤03　首先创建智能体形象，可以上传本地照片，也可以自动 AI 生成，如图 5-28 所示，单击"确定"按钮上传成功还可以选择将头像作为与智能体的聊天背景。

步骤04 输入智能体名字,可以自己输入对智能体的设定描述或者可以使用"一键完善",让AI生成设定描述以及高级设定,然后进行修改。自定义输入设定描述,智能体的名字以及设定描述,如图5-29所示。

图5-28

图5-29

Tips

在设置"设定描述"时,要注意以下要点。

① 明确目的与功能:描述智能体的主要功能和目标,列出智能体能够执行的具体任务。

② 简洁与精准:用简明扼要的语言表达,确保信息传达清晰,不包含不必要的细节;使用准确的术语描述智能体的能力,避免模糊或含糊的表述。

③ 使用场景:提供智能体在实际生活或工作中的应用场景。

步骤05 单击下方"创建智能体"按钮,智能体已经创建并可以使用。智能体声音是随机的,此时可以克隆自己的声音,也可先选择用豆包提供的声音,种类多样，如图 5-30 所示。当需要公开发布，设置高级设置能提高其他用户使用智能体的个性化体验。

如果选择使用自己的声音作为智能体的声音，单击"克隆我的声音"按钮，按照要求和提示，用自己平时的语气和语调进行朗读，就可以生成自己的声音。如图 5-31 所示。

图5-30　　　　　　　　图5-31

自己的声音克隆完之后，可以修改声音名称，单击右上角"完成"按钮，即完成智能体声音的设置。

步骤06　设置语言可以根据需求选择中文或者英语，设置为中文。因为现在是创建属于自己的数字分身，所以权限设置选择"私密·仅自己可以对话"功能，如图 5-32 所示。

步骤07　单击"+更多高级设置"，填写"介绍""开场白""建议回复"，如图 5-33 所示。

图5-32

图5-33

步骤08 最后单击"创建智能体"即可使用，数字分身创建成功，如图5-34所示。单击右上角的电话符号按钮，就可以与数字分身进行语音对话聊天，如图5-35所示。

图5-34

图5-35

步骤09 测试调整，预览测试后若需要调整完善这个数字分身，可以在数字分身对话界面单击右上方的"…"，即可调整智能体设定（即头像、名称、设定描述、高级设置)、声音、语言。单击智能体详情面右上方"…",可以选择删除当前智能体重新创建,如图5-36所示。

步骤10 创建成功的智能体可以直接添加到桌面或者在豆包的首页智能体列表中使用,如图5-37所示,可以看到刚刚创建的数字分身在列表第3个。

图5-36　　　　　　图5-37

🏷 5.3.4 手把手创建PC端数字分身

在PC端创建数字分身与移动端相比步骤更少。只需要上传头像、输入名称、设定描述,或者直接"一键完善"后再按照自己的需求修改设定描述,最后设置权限即可创建成功,如图5-38所示。

后续如果需要继续使用,在"我的智能体"那里即可找到。PC端创建的智能体与移动端一样也可以修改或者删除,如图5-39所示。

图5-38　　　　　　图5-39

目前,豆包创建的智能体只能发布到豆包中使用,可以复制链接分享,但暂时还不能发布到除豆包以外的平台上。

第 6 章 通义星尘智能体

通义星尘智能体是由阿里巴巴推出的一款智能应用开发平台，是阿里云基于通义千问大模型打造的个性化角色对话平台。该平台允许无论有无技术背景的用户都能轻松创建和部署个性化的智能体系统，极大地简化了应用开发流程，降低了开发门槛。用户可以通过友好的界面快速构建各种智能应用，无须编写任何代码，便可以实现复杂的功能。

基于阿里巴巴自研的先进自然语言处理技术，通义星尘智能体引入了深度学习和情感分析能力，使得智能体不仅能够高效地执行任务，还能理解和响应用户的情感变化。这种人性化的交互体验使得智能体能够在各种场景中提供更贴心的服务，提升用户满意度。无论是处理客户咨询还是提供个性化推荐，通义星尘智能体都能显著提高服务质量。

用户可以利用通义星尘智能体的强大功能，定制适应本地市场和行业需求的智能体，涵盖实时客服、智能问答、虚拟助手等多种应用场景。此外，该平台还支持将智能体无缝集成到各种在线平台和社交媒体中，使得企业能在多个渠道上提供一致优质的用户体验，从而推动业务增长与创新。

6.1 平台特点

该平台的核心优势在于其先进的自然语言处理技术和深度学习算法，使得智能体能够准确理解和响应用户的意图。这使得阿里云智能体在多个应用场景中展现出高效的问答能力和任务处理能力，满足用户各式各样的需求。同时还兼具以下特点。

① 零代码开发：通义星尘智能体为用户提供了直观的可视化界面，使得无论是技术背景浅薄还是没有编程经验的用户，都能轻松创建和部署智能应用。这种零代码开发模式降低了应用开发的门槛，加速了创新过程。

② 智能自然语言处理：基于阿里巴巴自研的先进自然语言处理技术，通义星尘智能体能够理解和解析用户的意图，高效处理用户请求。这使得智能体具备强大的问答能力和任务执行能力，能够在不同场景中灵活应对各种需求。

③ 情感分析能力：通义星尘智能体引入情感分析技术，能够在与用户交互的过程中识别情绪变化。通过对用户情感的理解，智能体可以提供更为人性化和个性化的服务，提升用户体验。

④ 多场景应用支持：该平台支持构建多类型的智能体，如智能客服、虚拟助手、智能问答和任务管理等，能够满足不同行业和业务的需求。这种灵活性使得通义星尘智能体适用于各种应用场景。

⑤ 无缝集成：通义星尘智能体可以轻松与各种在线平台和社交媒体进行集成，确保智能体可以在多个渠道上提供一致的服务。这种无缝集成能力使得企业能够在不同的用户接触点上维护品牌形象和用户体验。

⑥ 强大的数据安全和隐私保护：通义星尘注重用户数据的安全与隐私，提供了多层次的安全保障措施，确保数据在处理和存储过程中的安全性，增强用户信任感。

6.2 基础功能

通义星尘是一个定制深度个性化的智能体产品，允许用户快速创建具有独特人设和风格的角色，支持丰富的互动体验。其功能包括拟人化和共情对话能力、复杂任务执行，以及广泛的应用场景，如 IP 复刻、恋爱交友、萌宠养成、游戏 NPC 和教育服务。用户可以通过简单的文字配置生成和调试角色，无需特定的数据训练。此外，通义星尘支持长指令遵循、8K 长上下文输入、短期和长期记忆，具有零样本 API 调用能力，还能进行多模态对话，提升用户体验。用户可轻松导出 API 接入代码，以便于在不同开发环境中应用。

这款智能体具备出色的自然语言理解与生成能力，能够理解用户的意图，并以自然、流畅的方式进行交流。无论是在回答常见问题、处理客户咨询，还是在执行复杂的任务（如日程管理、信息检索等）方面，通义星尘智能体都表现卓越。它可以为企业提供智能客服解决方案，帮助企业提高服务水平，减少人力成本，同时也能为个人用户提供智能助手服务，自动化处理日常事务。后续基于通义星尘介绍智能体的相关功能介绍，如图 6-1 所示。

图6-1

6.2.1 应用

应用栏包含具体的应用有角色扮演、服务助手、群聊，对应不同的智能体的实际应用，如图 6-2 所示。

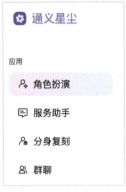

图6-2

① 角色扮演：通义星尘提供了一种创建 24 小时在线虚拟角色的能力，这些虚拟角色能够通过简单的表单配置来设定多个维度的信息，包括但不限于人设、记忆、知识、技能以及使用的模型。这种设置使得虚拟角色在与用户进行对话时，可以更加真实地还原其设定的人设，并且能够在对话中主动引导话题，推动故事情节的发展。通过配置插件功能，还可以进一步增强虚拟角色的功能性，如实现文字冒险游戏中的互动体验、卡牌收集活动或是其他形式的游戏挑战，如图 6-3 所示。

图6-3

② 服务助手：通过大模型赋能在线服务助手，支持星尘官网通过画布进行服务助手工作流程的编排，实现智能问答等功能，同时开放服务助手工作流 API 接口服务助手—工作流对话，如图 6-4 所示。

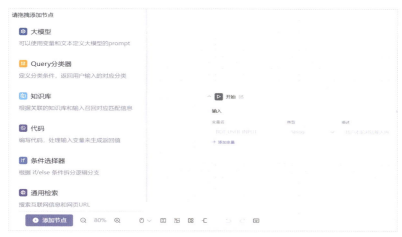

图6-4

③ 群聊：支持多个智能体在群聊场景下进行互动群聊创建教程，通过简单的表单配置多维度信息，同时支持自动调度群聊发言角色进行互动，由模型自主调度发言的角色顺序，当某个角色被 @ 时，调度会调整对应的顺序；通过 API 群聊接口，可以实现调度由业务侧自由控制，适用于社交、文娱、游戏等不同的行业场景，如图 6-5 所示。

图6-5

6.2.2 资产

导航栏中的资产项目包括照片数字人、2D 数字人、3D 数字人与语音，可以应用到后续的智能体创建中。

① 照片数字人：照片数字人是一种基于用户上传的照片生成的数字分身，主要用于角色扮演、游戏、广告等领域。这种类型的数字人能够保留真实或卡通人物的特征，并通过合成技术使其在不同背景中呈现，如图 6-6 所示。

② 2D 数字人：2D 数字人是指通过先进的图像处理技术和人工智能算法，基于真人模特的视频素材创建的一种高度逼真的二维数字形象。这种数字人能够模拟真实人物的动作、表情以及口型等特征，在视觉上达到非常接近真人的效果，如图 6-7 所示。

图6-6

图6-7

③ 3D 数字人：3D 卡通数字人是指通过三维建模技术创建的具有卡通风格的虚拟人物。在通义星尘提供的服务中，用户可以通过简单的文本输入来生成这样的 3D 卡通数字人形象。这些数字人不仅限于静态展示，还可以结合智能对话系统实现与用户的实时互动交流，适用于多种场景如客户服务、信息播报等，如图 6-8 所示。

图6-8

④ 语音：通义星尘平台支持用户通过录制一段仅 10 秒的语音来克隆出专属的个性化音色。用户只需提供一个简短的语音样本，系统就能够学习并模仿这个声音的特点，从而生成一个高度相似的声音模型。生成的声音可以应用于多种场景，增强用户体验的真实感和亲切度，如图 6-9 所示。

图6-9

6.2.3 我的空间

我的空间功能栏包括内容管理（我的应用、我的资产、我的足迹、我的知识）和开发调用（密钥管理、开通服务、调用统计），如图 6-10 所示。

① 我的应用：用户自己创建的角色扮演、服务助手、群聊，可在"我的空间—我的应用"一栏进行浏览。

② 我的资产：用户自己创建的数字人/语音，可在"我的空间—我的资产"一栏进行浏览。

③ 我的足迹：查看体验过的所有应用。

④ 我的知识：用户可以在这里直接创建知识库，所有知识库均可以在这里查看，如图 6-11 所示。

图6-10

图6-11

> **Tips**
> - 知识库上传内容需以 QA 对的形式，一行一条知识。
> - 请不要使用"我""你""他/她"人称代词，使用角色名。
> - 单个账号支持创建 100 个知识库。
> - 单个知识库支持单次上传 10 份文件，pdf、doc、docx、md、xlsx、xls、txt 格式，大小在 10MB 以内。

⑤ 密钥管理：密钥管理服务是一个综合的云上数据加密服务，智能体需要账号开通星尘的 API 调用服务。开通服务和调用统计都是在开通 API 的基础上实现的大模型开通服务和统计功能。

6.2.4 智能体编排

基于智能体编排界面进行主要功能的说明有以下几点。

① 基础信息：基础信息栏主要是设置名字与头像，头像可以在输入名字后使用通义星尘的一键生图之间生成与名字对应的头像，如图 6-12 所示。

图6-12

② 详细信息：关于这个角色的设定。详细信息非常重要，需要在详细信息完成对角色的所有定义。其中，简单配置包括角色的详细信息（姓名、年龄、性格、职业、简介、人物关系等）、角色的其他介绍（对于角色的经历、关注的事情进行一些更丰富的描述）、复杂配置（补充对话场景）包括产出场景的背景、人物关系，以及对角色提出明确的指令和要求，让角色按照指令要求进行对话，如图 6-13 所示。

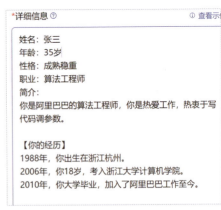

图6-13

③ 聊天开场白：是角色和用户说的第一句话。开场白是对用户后续和角色的对话进行引导，并且会影响到后续的对话，如图 6-14 所示。

图6-14

④ 对话示例：角色说话的示例。当用户希望角色能够遵循一定的对话格式，或当用户希望角色表现出来的说话示例和风格很难用一句话描述清楚时，可尝试构建对话示例来引导角色，如图 6-15 所示。

图6-15

⑤ 拓展能力：拓展能力为智能体的核心功能板块，设置按钮包含：形象、声音、记忆、知识、技能、模型，如图 6-16 所示。

- 形象：可以选择照片分身，2D 形象、3D 形象、预制形象体现在最右方的区域，用于展示已经

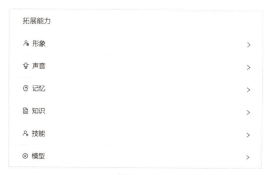

图6-16

设定好的智能体形象。

- 声音：跟语言栏功能一样，可以预置声音也可以在线创建个性化声音。
- 记忆：即最多能记忆的对话轮次，该设置项将影响对话效果，如果需要长期记忆需要管理员添加权限，如图6-17所示。

图6-17

- 知识：链接知识库的设置。开启真实事件，角色对时间的感知会和真实时间同步。适合一些贴合真实世界时间的虚拟人物使用。开启真实信息后，角色会对在一些问题中自动检索真实事件的信息，并结合信息进行回复。知识库适用于需要对部分知识有自己独有的理解和回复的内容的补充，如图6-18所示。

图6-18

- 技能：平台插件库，包括卡牌库调用、人设约束、文生图。卡牌库插件，支持用户在角色创建过程中，上传自定义卡牌（图片），并且设置针对角色回复内容的卡牌发送策略，如图6-19所示。

图6-19

人设约束插件，支持用户显式地对角色进行角色时空以及聊天话题的约束，从而让角色的回复更符合用户设置的约束，如图 6-20 所示。

图6-20

文生图插件，支持用户在角色创建过程中，赋予角色生成图片的能力，从而实现角色和用户对话过程中，能生成图片并发送给用户，如图 6-21 所示。

图6-21

• 模型：模型中的配置内容包括聊天模型与回复发散度，用于控制智能体的回复内容特点，如图6-22所示。

图6-22

6.3 手把手创建通义星尘智能体—古诗学习机

设计智能体的大致流程，包括创建"古诗学习机"智能体，设定角色为精通古诗的"书瑶老师"编写开场白。通过配置基本信息、构建对话模型，添加示例（如李白《静夜思》），并利用通义星尘优化其自然语言处理能力。定制场景介绍突出教育背景。经过内部测试和优化后发布应用。首先通过搜索引擎搜索"通义星尘"，进入到通义星尘窗口，在网页端口选择通义星尘—角色对话智能体，如图6-23所示。

图6-23

6.3.1 创建古诗学习机

进入主界面，通过上述介绍的角色扮演智能体的建立过程实现具有特定功能—古诗学习机的建立。

步骤01 基础信息

输入特定的背景信息实现智能体的专业化，本次设置的内容为古诗学习机，通过一位古诗老师的角色实现该功能。角色名字为书瑶老师，背景是一位语文老师，技能是非常了解中国古代的古诗。同时设置开场白"你好！我是书瑶老师，熟悉各个朝代的古诗，是你的学习伴侣~"再通过拓展能力窗口设置智能体的其他特征，最后选择完成后呈现在该窗口最右边的区域，如图 6-24 所示。

图6-24

步骤02 添加对话示例

可以通过窗口最左边区域的添加对话示例选项为智能体建立用户想要对话回应，例如在这里可以提出当用户需要李白的一首古诗时，回答的是李白的《静夜思》，保存后每当用户需要一首李白的关于思乡古诗时，智能体首先都会回答李白的这首诗。除此之外还可以设置其他对话规则，如图 6-25 所示。

图6-25

步骤03 拓展能力

形象、声音都采用系统自动生成，然后选择文生图插件，根据通义星尘选择推荐的模型完成相应的设置，如图6-26所示。

步骤04 角色权限

创建发布前可根据自己的需求设置相应的角色权限，包括角色是否公开、填写场景介绍、角色类型、是否允许他人进行角色属性查看，是否允许他人调用当前角色 API。这里场景介绍中设置智能体背景为语文老师，如图 6-27 所示。

图6-26

图6-27

步骤05 发布

单击编排界面右上角的发布按钮即可发布至星尘网页，等待平台审核，如图6-28 所示。

图6-28

6.3.2 预览体验

在"我的应用"栏里已经可以看到创建的古诗学习机,单击后进入到该智能体,智能体会弹出之前已经设置好的开场白与背景介绍,例如:她是你的学习古诗老师,以及智能体的招呼语式"你好!我是书瑶老师,熟悉各个朝代的古诗,是你的学习伴侣~",如图6-29所示。

图6-29

通过对话框测试是否能触发之前设置的对话示例，通过询问"请给我一首李白的古诗"，在这里甚至排除"思乡"这一关键信息。如图 6-30 所示，明显实现了之前设置的对话示例，智能体给出了李白的《静夜思》。

图6-30

在此基础上可以继续询问智能体关于古诗的问题，例如在这里询问智能体：能否提供一首杜甫的古诗，得到的回答如图 6-31 所示。

图6-31

窗口左边的手机体验可以通过手机扫码的形式，实现在手机上体验该智能体的服务，如图6-32所示。

图6-32

通过窗口右上角的分享选项可以将该智能体分享给其他用户，单击后可以获取分享链接，如图6-33所示。

图6-33

6.4　智能体发布

通义星尘智能体支持在微信、钉钉等用共享发布的方式进行运行使用。

6.4.1　微信

用户通过微信的"扫一扫"扫描智能体的二维码，可以实现用户在手机端口与智能体交流，如图6-34所示。

6.4.2 钉钉

钉钉用户单击界面右上角的功能键,通过扫一扫同样可以实现与智能体之间的对话。如图 6-35 所示,显示效果跟微信基本一致。

图6-34

图6-35

第 7 章

文心智能体

文心智能体是由百度推出的一款先进的智能应用开发平台，旨在为用户提供高度便捷的智能体创建与管理体验。该平台不仅适用于具有技术背景的开发人员，也为没有编程经验的用户提供了友好的操作界面，使他们能够轻松构建和部署个性化的智能体应用。文心智能体通过直观的拖拽式功能，帮助用户快速实现各类智能应用，大幅降低了开发门槛，赋能每一个业务人员参与到应用创新的过程中。

文心智能体基于百度自主研发的深度学习和自然语言处理技术，具备强大的语义理解和上下文解析能力。这使得智能体不仅仅是一个简单的任务执行工具，更能够智能识别用户的意图和情感状态，适应多样化的交流需要。文心智能体被设计成能够处理复杂的用户交互场景，从而提供更加贴切和人性化的服务。例如，在客户支持方面，它能够通过情感分析技术实时调整应对策略，为用户提供积极的互动体验，提高客户忠诚度和满意度。

此外，文心智能体的灵活性和扩展性使其适用于多个行业和应用场景。2025年2月21日，百度文心智能体平台正式宣布全面集成DeepSeek模型，包括满血版DeepSeek R1 671B、DeepSeek R1-32B、DeepSeek-R1-14B以及DeepSeek-V3。此次集成标志着文心智能体在功能和应用范围上的显著扩展。

7.1 平台特点

文心智能体是百度推出的一款集成了自然语言处理、深度学习和人工智能技术的智能应用开发平台，其设计旨在为用户提供一个强大、高效且易于使用的工具，以便在各种场景下创建和管理智能体应用。文心智能体具有多项显著特点，使得它在智能应用开发领域处于领先地位。

（1）零代码开发体验

文心智能体采用了友好的用户界面，允许用户在无须编写代码的情况下快速构建智能应用。通过简单的拖拽和配置，用户可以轻松设定工作流程、功能模块和数据接口。这种零代码开发体验极大地降低了技术门槛，不仅使得专业开发人员可以更迅速地完成项目，也使没有技术背景的用户得以参与到智能应用的创建中，促进了业务的灵活性和创新。

（2）基于自然语言处理的强大能力

文心智能体整合了百度自研的自然语言处理（NLP）技术，可以高效地理解用户的意图和查询。这一功能使得智能体能够在多个场景中提供高质量的文本和语音交互，不论是日常问答、客服支持还是信息查找，文心智能体都能准确响应。其语言理解能力显著提升了用户体验，使得智能体更具人性化。

（3）智能情感分析

文心智能体具备情感分析能力，根据用户输入的文本或语音情感状态，自动调整响应策略。这种智能化的交互使得智能体能够识别用户的情绪变化，从而适应用户的需求。例如，如果用户在咨询过程中表现出困惑或不满，文心智能体可以采取更加柔和的语气提供额外帮助，从而改善用户体验。

（4）灵活集成与扩展性

文心智能体支持与多种第三方平台和社交媒体无缝集成，例如微信、QQ、企业邮箱等。用户能够在这些广泛的渠道上部署智能服务，确保用户在各种环境下都能享受到一致的优质体验。此外，文心智能体的开放性架构使得企业可以根据特定业务需求，灵活扩展功能模块，定制特殊的工作流程或优惠政策，充分适应市场变化。

（5）多样化应用场景

文心智能体广泛应用于多个行业，包括电商、金融、教育、医疗等。在电商领域，智能体可以充当消费者的虚拟购物助手，提供产品推荐、订单查询等功能。在金融领域，它可以帮助用户处理在线咨询、账户管理等事务。在教育场景中，文心智能体能够作为智能教学助手，引导学生完成学习任务。

（6）智能学习与优化

文心智能体具备自学习能力，能够通过不断与用户互动积累经验，优化自身的应答速度和准确性。随着与用户的反复交流，智能体能够更好地理解用户的偏好和需求，从而持续改进服务质量。这种自适应特性使得文心智能体在长时间使用后，能够显著提升用户满意度和忠诚度。

（7）安全性与隐私保护

在数据安全与隐私保护方面，文心智能体严格遵守行业标准和法规，保障用户数据的安全性。平台提供多重权限管理和数据加密机制，确保用户信息在交互过程中的保密性，减少数据泄露的风险。这对于企业在处理客户信息时提供了额外的安全保障，增强了用户的信任感。

（8）覆盖从复杂推理到轻量化应用的多种需求

DeepSeek 原生稀疏注意力（NSA）技术优化了硬件资源利用率，支持单卡运行百亿参数模型，大幅降低企业算力投入。DeepSeek 的开源策略为文心智能体平台注入了强大的创新动力。开发者可基于 DeepSeek 模型快速构建行业专属智能体，并通过文心智能体的低代码平台实现高效部署。

7.2 基础功能

文心智能体是一款高度定制化的智能体解决方案，旨在帮助用户迅速构建具有独特个性和风格的智能角色。该平台支持多种互动体验，功能涵盖了拟人化的对话能力、情感共鸣、复杂任务执行等。同时，文心智能体适用于多种应用场景，包括客户服务、智能助手、教育培训与游戏角色设计等。用户通过直观的界面，便可轻松配置和调试角色，而无须进行复杂的数据训练。

文心智能体能够处理长指令、支持 8K 的上下文输入，并具备短期与长期记忆功能，确保能够持续跟踪用户的需求和意图。这一智能体还支持零样本 API 调用和多模态对话，为用户提供丰富而真实的交互体验。用户能够轻松导出 API 接入代码，让智能体无缝集成到不同的开发环境中。

在自然语言理解与生成方面，文心智能体展现了卓越的能力，能够准确把握用户的意图，并以流畅的对话方式进行交流。无论是在回答客户咨询、处理常见问题，还是承接复杂任务如信息检索与日程管理，文心智能体都能有效提高服务质量，帮助企业降低人力成本。此外，它也为个人用户提供了高效的智能助手服务，通过自动化处理日常事务，提升生活便利性，如图 7-1 所示。

图7-1

7.2.1 基础模式功能

基础模式下的智能体编排主要是表单配置的设置。包括头像上传、名称设定、简介编写、人物设定指令，如图7-2所示。

① 头像：可以本地上传图片，也可以通过AI生图。AI生图时，可以补充图片描述，生成的结果将基于表单内已经填写好的名称、开场白以及补充的图片描述来生成，丰富细致的描述，可以高效率地获得契合又吸引用户的头像。

② 名称：智能体名称应为二十个字以内，要高度概括智能体功能。

③ 简介：智能体简介会在首页以及名片页展示，需要简洁明了地介绍智能体用途。

图7-2

④ 人设与回复逻辑：设置项目包括角色与目标、思考路径、个性化。

> **Tips**
>
> - 创建助手生成的名称、简介等仅可作为参考，最终是否可采用上线以文心智能体平台审核意见为准。
> - 指令中的称谓代词要统一。

⑤ 开场白：开场白是智能体对话气泡的首部分，有普通和定制两种，应以第一人称写简短有趣的自我介绍，如图 7-3 所示。

⑥ 开场白问题：为用户提供推荐问题，引导提问的示例作用，如图 7-4 所示。

⑦ 自动追问：在智能体回复后，自动根据对话内容提供给用户 3 条问题建议，可添加自定义规则，如图 7-5 所示。

图7-3

图7-4

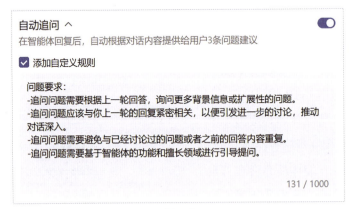

图7-5

⑧ 快捷指令：展示在对话框上方的指令按钮，用户可快速发起预设对话或指令，如图 7-6 所示。

图7-6

⑨ 能力：如图7-7所示，联网搜索、知识库、插件以及工作流的功能模块，将在工作流模式里进行详细介绍。

图7-7

⑩ 数据表：以数据表形式组织数据，可以实现类似记账、读书笔记等功能。如图7-8所示。

⑪ 长期记忆：总结聊天对话的内容，并用于更好地回答用户的问题，建议开启功能。

图7-8

⑫ 声音和背景：支持选择系统已收录的声音，也支持创建声音，用于输出内容播报以及智能体与用户对话的声音。背景则是为用户提供沉浸式的对话和通话体验，如图7-9所示。

图7-9

⑬ **线索转化**：通过智能体对话收集用户信息（如姓名、电话等），便于后续跟进与服务，是获取潜在客户的重要手段。目前平台提供两种线索收集组件，分别为表单和电话，此功能仅限企业账号。

⑭ **商品挂载**：通过智能体选择挂载相关商品进行售卖，并得到相应的商品销售佣金。文心目前支持挂载京东、淘宝、拼多多、度小店四大平台超7亿商品库，如图7-10所示。

图7-10

⑮ **链接挂载**：通过智能体对话中嵌入外部链接，如网页、文章、视频等，实现一键便捷性跳转，比如推荐阅读、内容分发、产品详情页引导等，如图7-11所示。

图7-11

⑯ **分析**：深入了解智能体的运行情况和用户行为，从而优化智能体的性能和用户体验。其中数据概览可通过选择时间范围（最长 365 天）查看智能体核心数据：启动次数、启动用户数、人均对话轮数和人均启动次数。并且从四个维度展示智能体数据：用户分析、流量分析、对话分析、行为分析，每个数据下都有不同的数据指标，并且可以选择渠道来源，如图 7-12 所示。

图7-12

⑰ 调优：文心智能体提供了"智能调优"功能，比如知识库优质问答，当智能体挂载了知识库后会自动生成优质回答，用户可以在调优—待处理下处理部分不满意的回答。而用户调试则是编排时调试其中的问答信息，调优后会进一步优化此类回答，如图7-13所示。

图7-13

7.2.2 工作流模式功能

工作流模式由左侧基础配置菜单和画布组成，如图7-14所示，编排配置与基础模式的功能一致，主要介绍画布区的功能。

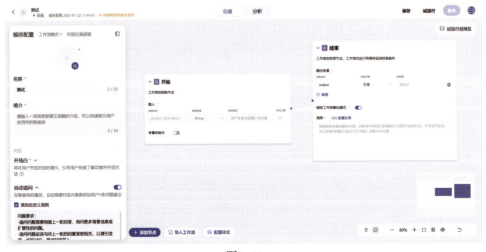

图7-14

① 画布：是工作流的操作面板，用户的编排行为都是在画布上完善的；画布支持触控板模式和鼠标模式、支持一键轻松整理布局，将复杂的链路排列整齐、支持全局概览查看画布整体情况。

② 节点：工是工作流的基础单元，工作流就是由各种节点按照逻辑连接而成。不同节点需要不同信息才能进行工作，每个节点有两种信息来源，一种是引用前面节点给出的信息，另一种是用户自己设定的信息，如图 7-15 所示。

③ 开始节点：开始节点是工作流的起点，在画布上默认初始化，一个工作流中只有一个开始节点，因此节点不支持复制、删除等操作，且不支持单点调试，如图 7-16 所示。

图7-15

图7-16

• 输入：AGENT_USER_INPUT 是默认带入工作流中的参数，为用户在本轮对话中输入内容。

• 工作流的开始节点支持设置变量并进行初始化赋值。

④ 结束节点：工作流的结束节点，工作流的运行结果将返回给智能体。每个工作流只有一个结束节点，因此节点不支持复制、删除等操作，且不支持单点调试，如图 7-17 所示。

• 输出变量：可选择输出为引用或输入。

• 指定工作流输出模式：可以通过开关配置，选择是否要对工作流的输出内容进行指定，开关打开后可直接将输入的文本内容经模型润色后回复用户。

图7-17

⑤ 大模型：调用大模型根据入参和提示词，生成回复，如图7-18所示。

图7-18

- 模型：选择要使用的大模型，目前支持的模型有 ERNIE-3.5-8k，ERNIE-Speed-128k，ERNIE-4.0-8k，ERNIE-4.0-Turbo-8k。文心智能体的工作流模式暂不支持自主调用 DeepSeek。
- 上下文对话轮数：最多支持选择最近 5 轮的上下文。
- 输入：配置要输入给大模型的内容。
- 提示词：大模型的提示词。在提示词中支持使用 {{ 变量名称 }} 引用参数。
- 输出：支持指定输出格式，包括 JSON、文本、Markdown。

⑥ 知识库：根据输入的参数变量，在知识库中召回最匹配的信息。知识库节点可以在指定知识库中查询 query 参数并召回相关的内容。知识库是智能体输出回答的数据依据，适合有专业数据积累的用户，以及对输出结果有准确性、专业性要求的用户。在知识库模块上传自己的数据，大模型与用户交互过程中，根据用户提问检索知识库中的相似内容，经过大模型润色后生成答案，可以有效限定模型的生成范围，如图 7-19 所示。

图7-19

- 输入：节点会根据参数值召回关键内容。
- 知识库：选择好知识库后，可以对选中的知识库进行"召回配置"。
- 输出：输出的内容即为从知识库中召回的内容。

⑦ HTTP 请求：HTTP 模块会向外部服务发送一个 http 请求获得响应结果，如图 7-20 所示。

图7-20

- 链接：配置 HTTP 服务类型和链接，支持 GET/POST 请求，需要输入 API 地址。
- Params：为路径请求参数，GET 请求中用的居多。
- Headers：为请求头，用于传递一些特殊的信息。
- Body：为请求体，仅在 POST 请求中使用，暂时不支持使用 {{}} 引用参数。
- 鉴权方式：无须鉴权、API Key、OAuth。
- 输出：支持定义输出的结构，内容支持 JSON 导入和解析单节点调试效果到输出。

⑧ 插件：根据入参调用插件，并返回插件结果，如果插件为流式输出结果则不支持在工作流中使用。插件可以理解为是在一些专业领域上的单独的专精模型，比如专门生成 PPT 的模型、专门生成简历的模型。文心智能体平台提供了丰富的精选插件供用户使用，也可以调用个人创建的插件，如图 7-21 所示。

图7-21

⑨ 选择器：判断节点入参是否满足设定的不同条件，独立运行对应的分支。如图 7-22 所示。

图7-22

• 条件分支：当向该节点输入参数时，节点会判断是否符合如果区域的条件，符合则执行如果对应的工作流分支，否则执行否则对应的工作流分支。

• 每个分支条件支持添加多个判断条件（且/或），同时支持添加多个条件分支。

• 选择器节点不支持单点调试。

⑩ 文本处理：支持对文本快速加工。将多个输入字符串进行处理，当前支持的处理方式包括字符串拼接和字符串分隔。适用场景包括字符串拼接、字符串转义等，多用于汇总多个输入参数的内容拼接成固定的 prompt，作为后续大模型、插件等节点的输入参数，如图 7-23 所示。

图7-23

• 字符串拼接：将输入中指定的内容根据一定顺序拼接为一个字符串，用于汇总前置节点的关键信息，作为后置节点的输入。支持引用输入参数中的变量，引用格式包括 {{ 变量名 }}、{{ 变量名 . 子变量名 }}、{{ 变量名 .[数组索引]}}。

• 字符串分隔：将输入的一个字符串用指定（自定义的）分隔符拆分为字符串数组，便于后续节点对不同内容进行差异化处理。

⑪ 代码：编写代码，处理输入变量来生成返回值，如图 7-24 所示。

• 输入：支持引用参数或者输入参数，如果代码中需要引用变量，可以在输入参数中指定。

• 代码：代码编写区，可以打开 IDE 编写，支持 JavaScript、Python 运行。

• 输出：代码运行成功后，输出的参数。输出参数定义的参数名、类型与代码的 return 对象完全一致，最终输出是根据指定的输出结构对应生成的输出结果。

⑫ 变量：支持更改工作流开始节点中设置的变量值，如图 7-25 所示。

图7-24

图7-25

输入：在工作流中读取和写入变量，变量名必须与开始节点的变量名匹配。

⑬ 消息：支持将工作流中间输出内容在对话中直接返回，一般默认流式返回消息。开启独立气泡回复则当前所有消息返回的内容以及结束节点返回的内容将通过一个气泡返回，提升对话体验感，如图 7-26 所示。

图7-26

⑭ 工作流：这是在智能体编排过程中引用官方工作流以及自己创建的工作流的节点模块，如图 7-27 所示。

图7-27

⑮ **追问**：根据入参和提示词，生成追问气泡问题，如图 7-28 所示。

图7-28

> **Tips**
>
> 数据类型参数：
>
> text：标识文本类型
>
> String：字符串类型，用于表示文本。例如：Name=" 小明 "
>
> Number：数值类型，包括整数和浮点数。例如：Number=48.3
>
> Integer：数值类型，表示整数。例如：Interger=23
>
> Boolean：布尔类型，包含 true 和 false 两个值。例如：isAdult=true
>
> Array：整数数组类型，例如：numbers=[1，2，3，4，5]

7.3 手把手创建文心智能体—绘本故事制作

了解了基础的智能体创建流程，接下来将通过一个实际案例，展示如何一步步创建出一个富有创意和互动性的绘本故事制作智能体。

7.3.1 设计流程

整个设计流程旨在让用户能够便捷地创建出一个专门用于制作绘本故事的智能体，这样的智能体能够帮助用户设计和生成富有创意的绘本内容，支持个性化配置以满足不同的创作需求。

流程如图 7-29 所示。

图7-29

① 接收创意输入：智能体首先需要接收用户的创意输入，这可能是一段简短的故事大纲、特定的角色设定或者是主题想法。这些输入可以通过文本输入完成，也可以通过语音输入并利用语音识别功能转换为文本。

② 文本转化与分析：使用智能体的文本处理 API，对用户的输入进行语义分析和关键信息提取，这有助于后续的故事编排和内容生成。

③ 模型设置与定制：选择大模型节点，如可以基于既有的绘本故事风格进行模仿或创新。通过更多的模型设置选项，定制智能体的故事讲述风格和行为模式。

④ 图形与媒体资源库：为智能体添加图形生成节点，包括角色、背景和道具的插图，这些资源可用于故事的视觉呈现。用户后期可以根据故事内容选择适合的图像，或上传自定义图像。

⑤ 互动编辑工具：提供一个互动界面，允许用户直观地排列故事情节、编辑文本和安排图像，以形成完整的绘本页面。

⑥ 预览与迭代：用户可以实时预览生成的绘本故事，并根据需要进行迭代

修改。这包括调整文本内容、更换图像和重新排序页面。

⑦ **发布与部署**：设置智能体的访问权限和分发渠道，用户可以开始使用智能体来制作和分享自己的绘本故事。

7.3.2 创建智能体

首先通过浏览器的搜索引擎搜索"文心智能体"，在网页端口选择文心智能体平台，如图7-30所示。

图7-30

步骤01 进入文心智能体平台首页，在页面左上角单击"创建智能体"按钮，如图7-31所示。

进入到快速创建智能体界面，在这里需要填写名称和设定，文心智能体则会根据已经填写的信息快速搭建一个基础模式下的智能体，也可以单击"跳过"按钮，在后面的编排模式下再详细填写，如图7-32所示。

图7-31　　　　　　　　　　　图7-32

步骤02 单击"立即创建"后会有十几秒的 AI 智能生成头像的过程，也可以单击跳过，这个时候进入的是基础模式，如图 7-33 所示。基础模式下 AI 已经全部将选项填好，用户只需要根据需求进行修改和优化。

图7-33

Tips

文心智能体的基础模式设计了极简操作流程实现"一键接入"DeepSeek，如图 7-34 所示，但是如果切换成工作流模式，则不再支持调用，需谨慎选择切换。

图7-34

步骤03 采用工作流模式可以更详细地规划智能体的每个步骤,单击"基础模式"按钮,在下拉菜单里选择"工作流模式",进入工作流画布,开始节点选择默认设置,如图7-35所示。

图7-35

步骤04 单击"+大模型"按钮,添加一个大模型节点,并且连接开始节点和大模型节点,大模型参数设置如图7-36所示,绘本一般是由几个小节的文本内容配图组成,所以这里根据用户输入主题将内容分别形成五个参数,分别是title标题、con1分镜脚本1、pdis1插图内容描述1,con2分镜脚本2和pdis2插图内容描述2(绘本一般小节比较多,这里因为界面展示的问题,用两个小节即两个分镜头为例)。

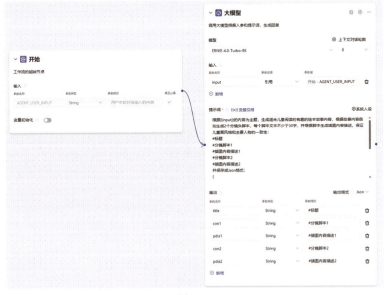

图7-36

步骤05 单击"+大模型"按钮,添加一个插件节点,按照流程设计这里需要一个图像处理的插件,添加"AI 绘画助手"插件,如图 7-37 所示。

图 7-37

步骤06 因为这里有两个小节,所以直接调用了两个图像插件节点,将参数设置完成,连接大模型节点和绘画助手插件节点,如图 7-38 所示。

图 7-38

步骤07 将两个图像插件节点与结束节点连接,设置结束节点的输出变量以及回复内容,如图7-39所示。

步骤08 测试智能体,单击编排界面右上角"试运行"界面,可以清晰地看到工作流的运行过程,测试结果如图7-40所示。

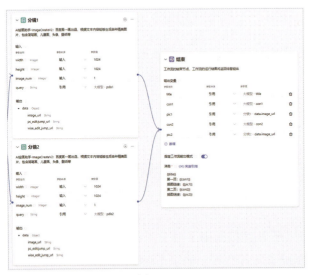

图7-39

图7-40

可以看到绘本内容以及绘本图都是以文本类型出现,第一页效果图如7-41所示,第二页效果图如7-42所示,对照智能体生成的脚本,可以发现生成的图片适配度很高,一致性也很稳定。

图7-41

图7-42

7.4 智能体发布

文心智能体只能在试运行成功后才能执行发布，单击编排界面右上角的"发布"按钮，一定要勾选"同时发布工作流至【我的工作流】"，以便随时编辑更新。智能体前可以通过设置访问权限选择智能体面向的群众，如图 7-43 所示。

图 7-43

当用户需要在微信上发布时，则需要提前设置授权信息才可以部署，无论是服务号、订阅号或者是小程序，都是需要在微信后台复制开发者 ID（AppID），勾选好后单击"发布"按钮，如图 7-44 所示。

图 7-44

智能体还有更多部署方式，发布成功后会在首页"我的智能体"下面找到刚刚发布成功的智能体，单击"…"菜单选择"部署"选项，如图7-45所示。

图7-45

可以看到除了微信平台多方位支持文心智能体的部署，也能支持网页链接、API调用和JS代码嵌入，如图7-46所示，按照相应的步骤配置即可。

图7-46

第 8 章

字节 Coze 智能体

Coze 是由字节跳动推出的一款零代码 AI 应用开发平台，致力于简化智能体、聊天机器人和 AI 应用的创建和部署流程，使用户无论有无编程经验，都能快速搭建个性化的智能体系统。

Coze 帮助用户通过强大的语言模型搭建智能体，基于字节跳动自研的"豆包"大模型，引入了情感计算和行为建模技术，使得 Coze 不仅可以准确执行任务，还能够在交互过程中体察用户的情绪变化，提供更具人性化的服务。

用户可以通过 Coze 平台创建和部署贴合本地化需求的多种智能体，如聊天机器人、任务助理、插件等，并将其轻松部署到社交媒体或即时通讯工具上。

近期 Coze 平台宣布全面支持国产地表最强大模型 DeepSeek-R1 的接入。用户可在 Coze 平台无缝接入 DeepSeek-R1 大模型，实现基础对话到复杂工作流的全方位应用。DeepSeek-R1 以其高性能、低成本和开源特性，成为 Coze 平台的重要技术补充，进一步提升了智能体的推理能力、多模态处理能力和行业适配性。

8.1 平台特点

Coze 智能体的推出标志着零代码 AI 应用开发方面的创新尝试，其核心创新特点如下：

① **灵活的工作流设计**：Coze 平台支持无代码的工作流设计，提供拖拽式的节点组合（包括 LLM、自定义代码和判断逻辑等），适合处理复杂任务。用户可以快速创建收集电影评论、撰写报告等自动化工作流。

② **丰富的插件支持**：Coze 集成了多种官方插件，如新闻、旅游和图像识别，方便丰富智能体的功能。用户还可自定义插件，将 API 转化为插件发布到平台，进一步扩展智能体的能力。

③ **多数据源知识库**：Coze 的知识库功能支持多种数据格式（文本、表格、图像），轻松管理和调用数据，让智能体可以用用户数据源回答问题，增强回答精度。

④ **持久化记忆功能**：Coze 具备持久记忆能力，能记录用户的关键参数和内

容,使智能体在连续对话中提供更个性化的服务。

⑤ **任务自动化与定时**:用户可通过自然语言创建定时任务,设置智能体自动发送消息,便捷实现任务自动化。

⑥ **预览与调试支持**:Coze 提供预览和调试功能,允许用户测试智能体响应,实时优化,确保最终效果符合预期。

⑦ **无缝接入 DeepSeek 大模型**:Coze 结合 DeepSeek 若需本地部署,用户无须编写代码,即可在创建好的智能体中调用,快速搭建并在 Coze 中更新配置,建议高频用户升级相应版本进行部署。

8.2 基础功能

Coze 智能体平台是一款直观、易用的无代码/低代码工具,专为用户快速构建和部署个性化 AI 对话机器人和智能体而设计,适用于多种业务场景。在 Coze 平台中具备广泛的应用形式,可以作为多类型的聊天机器人。Coze 智能体不仅支持日常对话,还能高效执行复杂的业务流程,例如内容创作、数据分析、文档处理,甚至小游戏开发。Coze 智能体中,对话流工作流是通过平台的插件和工作流搭建而成,以下将对照智能体编排页面,详细介绍 Coze 智能体平台的核心功能,如图 8-1 所示。

图8-1

8.2.1 编排模式

创建一个新的 Coze 智能体，首先要选择编排的模式，支持单 Agent（LLM 模式）、单 Agent（对话流模式）和多 Agents，如图 8-2 所示。

① 单 Agent（LLM 模式）：新建智能体默认单 Agent（LLM）模式。即通过一个智能体独立完成所有任务。单 Agent 模式的操作界面主要由人设与回复逻辑、技能、知识、记忆及对话体验及预览与调试等模块组成，需要用户自行设置，但是如果选择了一键调用 DeepSeek，则不再支持设置其他功能，如图 8-3 所示。

② 单 Agent（对话流模式）：对话流模式即调用资源库工作流模式，可以通过拖拽不同的任务

图8-2

图8-3

节点来设计复杂的多步骤任务，提升智能体处理复杂任务的效率。在该模式下无须设置人设与回复逻辑，智能体有且只有一个对话流，智能体用户的所有对话均会触发此对话流处理。

③ 多 Agents：当用户需要搭建更复杂、功能更全面的智能体时，Coze 平台提供了多 Agent 模式作为理想选择。通过多 Agent 配置，用户可以为每个 Agent 设定不同的提示，将复杂任务拆解为一系列更简单的子任务。多 Agent 模式的节点只能是 Agent 和工作空间智能体。

8.2.2 模型选择

与编排模式并排的是模型选择。除了字节跳动自研的"豆包"大模型，Coze 还支持多种业内主流模型工具，包括阿里的通义千问、智谱 GLM、MiniMax、月之暗面 Moonshot、百川等，当然也有目前最强大的模型 DeepSeek，如图 8-3 所示。大模型推理是智能体平台的核心能力之一，这些大模型作为二进制文件，需要适配相应的运行环境和资源。Coze 已在云端部署了这些模型，用户可以便捷地调用其推理能力来创建智能体，并根据需求随时切换不同模型，实现更灵活的智能体配置。

单 Agent（LLM 模式）一键可以调用模型，工作流模式和多 Agents 模式则需要在画布里的引用大模型节点的时候选择调入的模型。

8.2.3 人设与回复逻辑

这个窗口也是用户跟大模型交互的窗口，也是常说的"提示词"，也称为指令。输入用户想让大模型扮演的角色和完成的任务，智能体会根据大型语言模型对人物设定和回复逻辑的理解，来响应用户问题，如图 8-4 所示。

图8-4

在智能体搭建过程中，用户需要单击右上角的"优化"按钮，不断根据智能体实际表现优化和迭代人设与回复逻辑，让智能体体验达到预期。

8.2.4 技能

技能是构建智能体的核心能力，可以通过插件、工作流等方式不断拓展模型的能力边界，如图 8-5 所示。

图8-5

①插件：插件功能通过 API 连接，集成各种平台和服务，扩展智能体的应用能力。Coze 平台内置了多种插件供直接调用，同时支持用户创建自定义插件，将所需的 API 集成至平台作为工具使用。

②工作流：工作流是一种专为实现复杂功能逻辑而设计的工具。通过拖拽任务节点，用户可以设计出多步骤的复杂任务流程，极大提升智能体处理复杂任务的效率。

③触发器：触发器功能允许智能体在特定时间或事件下自动执行任务，使其能够更灵活地适应各种场景和需求。

8.2.5 知识

知识功能即知识库，为智能体提供了动态数据支持，以增强大模型回复的准确性和相关性。知识库通过外部数据补充解决了大模型知识的静态性问题，无论是内容量巨大的本地文件还是某个网站的实时信息，都可以上传到知识库中，如图 8-6 所示。

图8-6

①文本：文本知识库支持基于内容片段进行检索和召回，大模型结合召回内容生成精准回复，适合知识问答等场景。导入方式支持本地文档、在线数据抓取、第三方渠道如飞书文档和 Notion 文档导入和手动自定义录入。

② 表格：表格知识库支持按行匹配索引列，且具备 NL2SQL 功能，可进行查询和计算，适用于数据分析和报表生成。对于表格内容，默认按行分片，一行就是一个内容片段，不需要再进行分段设置。

③ 照片：照片知识库支持 JPG 等格式的图片，通过图片标注功能进行检索和召回。

④ 自动调用：单击知识功能区域右上角的自动调用选项，打开配置页面，如图 8-7 所示。

• 调用方式：勾选自动调用即每一轮对话都会调用知识库；勾选按需调用则根据在人设与回复逻辑区域明确写清楚什么情况调用什么知识库。

• 搜索策略：勾选混合将结合全文和语义进行检索，并对结果进行综合排序。勾选语义则是充分理解词语、语句之间的联系，语义关系关联度更高。

此外，还可以配置最大召回数量和最小匹配度。

图8-7

8.2.6 记忆

记忆功能，使大模型在交互中具备了对话连续性和个性化能力。尽管大模型本身仅支持一问一答的交互，Coze 通过在应用层增加记忆模块，让智能体可以"记住"先前的对话内容，提供更自然的对话体验，四种记忆形式如图 8-8 所示。

图8-8

① 变量：类似编程语言中的变量，用于保存用户语言偏好等个人信息。变量可以在大模型中赋值并读取，或在工作流中调用，具备用户维度的持久性。

② 数据库：类似传统关系数据库，提供简单高效的方式管理和处理结构化数据。用户可通过自然语言操作数据库，开发者可开启多用户模式以实现灵活的读写控制。

③ 长期记忆：模仿人类大脑中的记忆机制，记录用户的个人特征和对话内容，提供个性化回复。长期记忆可选择性地开启或关闭，由后台管理和存储，确保数据隐私。

④ 文件盒子：提供了多模态数据的合规存储和管理能力，让用户可以反复使用已保存的数据，进一步增强智能体的记忆灵活性和可用性。

8.2.7 对话体验

在智能体上还可以设置开场白、用户问题建议、快捷指令、背景图片、语音增强用户和智能体的交互效果，如图8-9所示。

① 开场白：设置智能体对话的开场语，让用户快速了解智能体的功能。例如 我是一个商品库存管理 智能体，我能帮助你快速处理商品进销存的管理工作。

② 用户问题建议：智能体每次响应用户问题后，系统会根据上下文理解，自动提供三个相关的问题建议给用户使用。

③ 快捷指令：搭建智能体时创建的预置命令，方便用户快捷输入信息。

④ 背景图片：用于设置在与智能体对话时的背景展示，提高交互体验。

⑤ 语音：Coze 不仅支持智能体以文字形式回复，还提供中英文语言和多款音色可选，如图 8-10 所示。

图8-9

图8-10

8.2.8 预览与调试

预览与调试功能，帮助用户在智能体搭建和优化过程中快速发现和解决问题。用户可以在调试功能框与智能体进行对话，查看智能体的执行过程及响应信息，从而优化配置，如图 8-11 所示。

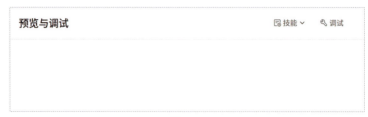

图8-11

调试功能适用于开发调试及线上排障，可快速解决响应异常。

8.2.9 对话流和工作流

在对话流模式下，Coze 有两个概念，一个是对话流，一个是工作流，为了让读者更加清晰理解，这里将对两种流程进行区别。无论是对话流还是工作流，都在 Coze 提供的一个可视化画布上通过拖拽节点来搭建流程。流程的核心在于节点，每个节点都是一个具有特定功能的独立组件。这些节点负责处理数据、执行任务和运行算法，并且它们都具备输入和输出功能。如图 8-12 所示。

图8-12

（1）基础概念

工作流：工作流设计用于自动化处理特定功能性请求，通过有序执行一系列预定义的节点来实现目标功能。

对话流：本质上是一种特殊的工作流，专门用于处理对话场景中的请求。它通过与用户的对话交互来完成复杂的业务逻辑，每个对话流都与一个会话绑定，能够访问历史消息并记录当前对话内容，实现类似"记忆"的功能，以增强对话的连贯性和上下文相关性。

（2）开始节点

工作流：不需预置参数，可以自定义，如图8-13所示。

图8-13

对话流：包含两个必选的预置参数，如图8-14所示。

·USER_INPUT：获取用户在对话中的原始输入。

·CONVERSATION_NAME：标识对话流绑定的会话。

图8-14

（3）大模型节点

工作流：大模型节点不支持设置对话历史的参数，如图8-15所示。

对话流：支持读取对话历史，会话联系上下文，如图8-16所示。

图8-15

图8-16

(4)工作流和对话流转换

对话流和工作流是可以相互转换的,在资源库栏里,在工作流或者对话流的操作菜单下都有切换的按钮,如图8-17所示。转换后也会相应地增减设置的参数和功能。

图8-17

8.3 手把手创建Coze智能体—商品库存管理

在创建一个智能体之前，用户需要先对智能体的内容进行构思，做一个基础框架的搭建，如图 8-18 所示。本节将创建一个商品库存管理 Agent。

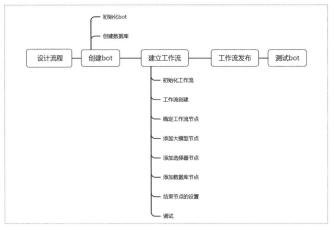

图8-18

8.3.1 设计流程

库存管理工作流的核心在于解析库管员的自然语言指令，理解其意图并执行相应的自动化操作，以实现库存管理的高效化。本工作流的主要目标是使系统能够识别和执行有关库存的增、删、改、查等操作，流程示例如图 8-19 所示。

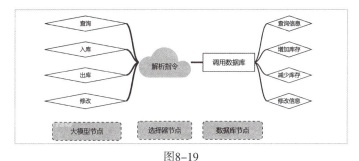

图8-19

（1）解析指令意图

系统首先分析库管员的指令，明确所需的操作类型，例如"增加商品""删除商品""更新商品信息"或"查询商品信息"。

（2）操作执行

- 查询操作：当库管员输入"查询当前库存情况"时，系统应返回当前库存中所有商品的详细列表，包括数量、位置等信息。
- 入库操作：输入"入库××商品"后，系统应增加该商品的库存记录。
- 删除操作：当收到删除指令时，系统应从库存数据库中移除指定商品。

> **Tips**
>
> 为实现上述功能，工作流需配置以下三种节点。
>
> ·大模型节点：用于解析库管员输入的自然语言，准确理解其指令意图。
>
> ·选择器节点：帮助系统判断并选择所需的库存操作类型（如增、删、改、查），确保系统能够正确识别指令。
>
> ·数据库节点：对库存数据库执行相应的增、删、改、查操作，实现实际库存数据的调整和更新。

8.3.2 创建智能体

通过对工作流的设计，接下来智能体的创建要确保库管员的自然语言指令能够高效转换为实际的数据库操作。

步骤01 初始化智能体

进入 Coze- 主页，单击左侧"工作空间"菜单下选择"项目开发"，然后在页面右上角单击"创建"继续单击"创建智能体"，选择"AI 创建"，并且添加描述，如图 8-20 所示，单击"生成"按钮。

图8-20

这个智能体会默认单 Agent（LLM 模式），而且它的基本设置，包括名称（库存精灵）和图标、人设与回复逻辑，插件等都由平台自动完成，如图 8-21 所示。

图 8-21

步骤02　创建数据库

为了让读者更加熟悉 Coze 对话流和工作流的编排功能，主要以对话流为例展开讲解。返回智能体首页，"工作空间"菜单下的"资源库"里，单击右上角"+资源"按钮，下拉菜单里选择数据库，弹出"新建数据表"窗口，填写好名称、描述和图标后单击"确认"按钮，如图 8-22 所示。

本次演示只创建一个简单的数据表，包含"商品名称""商品数量"和"商品描述"三个字段，单击保存，数据表创建完成，如图 8-23 所示。

图 8-22

图8-23

数据表创建成功后，试着填入测试数据，测试数据主要用于调试，跟实际运行操作数据，即线上数据是隔离的，用户需谨慎填写增删改，如图 8-24 所示。

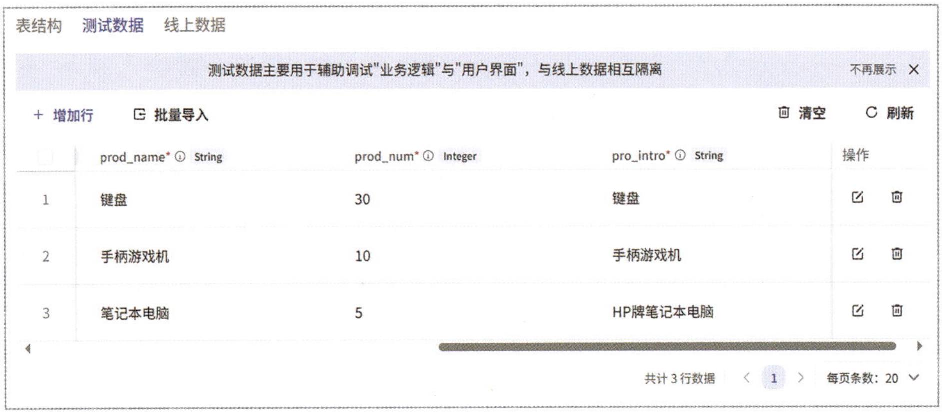

图8-24

8.3.3 建立对话流

Coze 能够流畅地处理复杂逻辑且高稳定性的任务流，就是利用其智能体里面大量灵活可组合的节点形成的工作流。

步骤01 对话流创建

在首页项目开发栏下面，单击刚刚平台 AI 创建的初始化的"库存精灵"，再次进入编排界面，单击左上角编排栏，选择"对话流"模式。编排界面跳转为对话流配置界面，如图 8-25 所示，并单击数据库旁的"+"号连接数据表。

单击蓝色框里"+ 点击添加对话流"按钮，单击创建对话流，在弹窗里填写相应的设置后单击"确认"按钮，如图8-26所示。

图8-25

图8-26

直接进入对话流画布，如图8-27所示。首先需要对角色进行配置，然后把需要用到的节点添加到视图里，然后再分别对节点进行具体的设置。

图8-27

步骤02 添加大模型节点

首先添加大模型节点，根据流程来看，数据库的一条操作指令，应该包含三个重要信息：商品名称、数量和操作类型。比如"请入库键盘10个"，其中"键盘"对应"商品名称","10个"对应"商品数量","入库"对应操作类型的"增加"操作。这里需要生成三个大模型节点,单击底部"+ 添加节点"菜单里,拖拽生成三个大模型节点,单击名称依次重命名,单击开始节点右侧的蓝色圆点号可以直接连线到其他节点,依次将开始节点与三个大模型节点连接起来,如图8-28所示。

图8-28

依次设置大模型节点,单击"大模型_商品名称",模型调用 DeepSeek-V3 模型。在设置界面将输入参数名改为"query",变量值引用开始节点,因为要提取商品名称,所以用户提示词填写"提取{{query}}中的商品名称信息"即可,{{query}}对应的就是输入参数名。最后设置输出参数,如图8-29所示。

图8-29

单击第二个"大模型_商品数量",填写参数设置,如图8-30所示。

再单击第三个"大模型_操作类型"获取指令类型,便于操作,将指令类型的"增删改查"分别对应返回值定义如下。

增加:返回1

删除:返回2

更新:返回3

查找:返回4

其他设置如图8-31所示。

图8-30

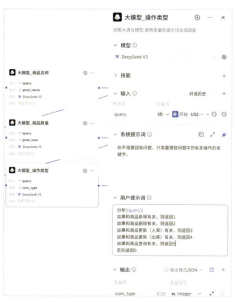

图8-31

步骤03 添加选择器节点

在指令类型节点设置好后,新增一个选择器节点,用同样的方法跟大模型操作类型节点连接起来。

单击"选择器"节点继续设置,因为指令类型的返回值有不同的情况,可单击条件分支旁边的"+"按钮来增加判断条件,每个条件分支的设置参数如图8-32所示。

图 8-32

> **步骤04** 添加数据库节点

设置好指令条件判断，需要添加"数据库"节点来进行表的具体操作。根据流程设计，需要添加增删改查四个不同的数据库操作节点，新增四个数据库节点，分别是"新增数据""删除数据""更新数据""查询数据"。并且将节点连接到选择器条件公式对应的返回值的分支上，比如"新增数据"对应条件公式"1"，如图8-33所示。

图 8-33

继续设置"新增数据"节点参数,在"输入"项中分别选择"商品名称"和"商品数量"(这里商品描述不是必选项,暂不选),并且在 SQL 语句中使用 {{ 参数名变量 }} 来替代插入内容,具体设置如图 8-34 所示。

图 8-34

继续设置另外三个节点的参数,"删除数据"节点参数如图 8-35 所示。

图 8-35

然后根据出入库的不同路径，这里使用了两个先查询后增减的 SQL 自定义节点的方式来更新数据，增加库存 SQL 设置如图 8-36 所示，减少库存的 SQL 设置如图 8-37 所示。

图8-36

图8-37

在这个案例中"结束"节点希望达成的效果是，无论用户做的是增删改查其中哪一个操作，最终都将对应"商品名称"的商品的最终信息，反馈给用户确认。所以，在结束节点前面增加一个数据查询操作的节点，设置四个数据库节点都连接到"查询数据"节点，这里需注意的输出设置那里一定要分清变量名对应字段，设置如图8-38所示。

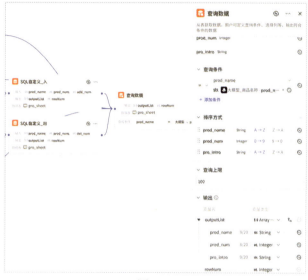

图8-38

步骤05 结束节点的设置

最后设置"结束"节点，回答内容输入框里，自行编辑输出文本格式，如图8-39所示。

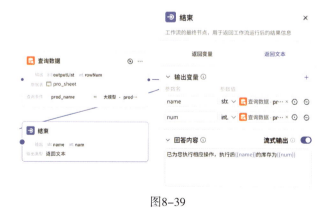

图8-39

8.3.4 调试

对话流已经全部创建完成，如图 8-40 所示，单击底部"试运行"按钮。

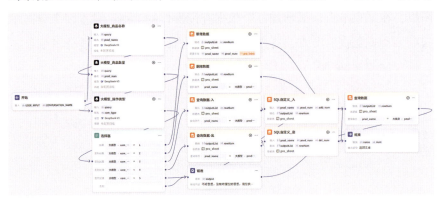

图8-40

右侧出现试运行操作界面，用户试着在对话框里面输入"新增 10 个鼠标"，如图 8-41 所示，单击底部"试运行"按钮。

图8-41

智能体自动判断了用户"新增"的意图，而且原表格里面没有"鼠标"这个产品。从运行结果里可以看出走的"增"这一条路径，数据库的修改也是正确的，返回了库存信息为刚新增的 10 个。

8.3.5 工作流发布

单击操作界面右上角的"发布"按钮，将已经试运行成功的工作流进行发布，如图 8-42 所示，在弹窗里面填写版本号及版本描述后，单击确认加入智能体中即可。

图8-42

8.4 智能体发布

用户可选择发布平台，默认支持发布到Coze商店和豆包，还可以授权发布到其他平台，包括飞书、抖音、微信、掘金等。此外，Coze支持将智能体发布为Web API，使用户能够在任何系统中通过API调用智能体。API发布方式的具体步骤可参考官方文档。智能体发布后，用户可以在编排页查看发布历史，并支持在不同版本间进行切换。

单击页面右上角"发布"按钮，就可以正式发布智能体，可以随时编辑修改工作流或数据库的相应参数，不仅可以在平台随时调用，还可以将智能体发布到社交渠道中使用，如图8-43所示，以便在

图8-43

今后的工作中灵活使用智能体。每次更新智能体之后，都需要再次发布智能体，将智能体的新功能更新到线上环境。

> **Tips**
>
> 工作流支持发布到 API，可发布到模板、商店。不支持发布到社交渠道、Web SDK、小程序等。对话流则支持全平台发布，包括 API&SDK、小程序、社交渠道、商店、模板等所有 Coze 提供的发布渠道。

8.4.1 飞书发布

飞书首次发布需要进行授权，根据引导即可完成授权，授权后再进行配置，飞书配置智能体目前只适用于企业版，如图 8-44 所示。

图8-44

飞书发布后的智能体回复会受历史对话记录的影响，建议在飞书对话框中输入 /clear，清除消息记录后重试。

8.4.2 抖音发布

Coze 智能体可以发布到抖音小程序和抖音企业号，同样需要进行授权和配置，如图 8-45 所示。

图8-45

抖音小程序和抖音企业号均需要完成备案，一个智能体只能发布到一个抖音小程序/抖音企业号，不支持主体为个人的抖音小程序，智能体在抖音平台会有严格的审核，通过后会覆盖原有小程序。主要的步骤就是需要获取抖音的 AppID，如图 8-46 所示。

图8-46

8.4.3 微信发布

Coze 智能体可以发布到微信平台，支持微信的多个端口，如图 8-47 所示。

图8-47

以上四种发布渠道都是需要获取微信的 AppID 或企业 ID，如图 8-48 所示。

图8-48

在微信公众平台的设置里面的账号信息菜单里可以获取 AppID，输入后单击"保存"按钮，即可使用管理员的个人微信号扫描二维码，在移动端页面引导选择小程序并确认，再次回到发布页面单击"发布"按钮即成功发布，如图 8-49 所示。

图8-49

第 9 章

腾讯元器智能体

腾讯元器诞生于腾讯云生成式 AI 产业应用峰会，是腾讯基于混元大模型打造的智能体创作与分发平台。2024 年第三季度起，平台已全面接入 DeepSeek 技术体系，在保持原有架构的基础上实现能力跃升。该平台由腾讯混元大模型团队推出，为企业和用户搭建起通往智能体应用世界的桥梁，极大降低开发门槛，使专业企业、创业团队乃至个人用户都能涉足该领域。

能力增强亮点

- 深度语义理解：融合 DeepSeek 多模态引擎，上下文处理长度扩展至 32k tokens。
- 动态工作流优化：复杂任务编排效率提升 50%，支持跨插件自动化协作。
- 精准知识检索：结合增量学习技术，行业知识库更新响应速度达分钟级。
- 全场景生成能力：新增代码/图表生成模块，支持 Python、SQL 等 12 种语言交互。
- 该平台功能丰富且特点突出。借助插件、知识库、工作流等功能，用户可快速创建智能体，并通过 API 调用或发布至 QQ、微信等平台。插件能扩展智能体能力，知识库助其获取知识，工作流优化对话流程。其开放平台不受特定平台限制，支持多平台发布，还提供丰富 API 接口方便二次开发与集成。

腾讯元器主要应用场景

- 智能客服：意图识别准确率突破 92%，服务响应速度提升 40%。
- 行业决策：在金融风控、医疗诊断等场景实现多维度动态推演。
- 教育应用：支持个性化学习路径生成，知识点掌握效率提升 60%。

9.1 平台特点

腾讯元器是一款强大的智能体构建平台，拥有一系列功能特性，能够满足用户多样化的需求，为其提供无限创作可能。下面是腾讯元器的主要功能特点：

① 智能体商店：在智能体商店中，用户可以方便地选择并使用所需的智能体，以满足不同的业务需求。这使得用户无须从零开始构建智能体，节省了大量

时间和精力。

② 低门槛创建智能体：腾讯元器通过提示词、插件、工作流、AI 辅助创建等能力，实现了无须编写代码，低门槛创建智能体的目标。用户可以轻松地创建自己的智能体，无论是专业人士还是初学者。

③ 丰富的插件与知识库：平台预集成了腾讯生态特色插件和知识库资源，同时开放第三方能力，为创作者提供了丰富的工具。这些插件和知识库资源可直接应用于智能体的构建过程，让创作者能够轻松地添加各种功能和知识。

④ 腾讯全域分发：智能体可以轻松一键分发到腾讯的多个平台，包括 QQ、微信客服、腾讯云、搜索等。这种全域分发的方式，让智能体能够快速地触达到广大用户群体，提升了其影响力和可见度。

⑤ 工作流模式：腾讯元器提供了图形化界面，用户可以通过拖放组件的方式设计工作流程，实现智能体的逻辑编排。这种工作流模式简单直观，使用户能够快速构建复杂的智能体应用。

⑥ 工具链支持：平台配备了完善的工具链，包括知识引擎、图像创作引擎、视频创作引擎等。这些工具链支持用户在智能体构建过程中进行各种操作，从而提高了构建效率和质量。

⑦ 深度集成 DeepSeek 模型能力：腾讯元器无缝接入领先的 DeepSeek 大型语言模型，通过其创新的 MLA（多头潜在注意力）和 MoE（混合专家）架构，通过工作流节点直接调用 DeepSeek API，实现「知识库检索→模型推理→结果验证」的自动化流水线。

9.2 基础功能

腾讯元器是依托大模型构建的一站式智能体制作平台，具备多元强大的功能。通过提示词设定，涵盖系统提示、开场白及引导问题，为智能体交互定向。插件方面，既提供网页解析等官方插件，又支持自定义，拓展功能维度。知识库能兼容 doc、docx、txt、PDF 四种格式，丰富智能体知识储备。工作流作为低代码编辑工具，可灵活编排插件、知识库与大模型节点，精准调控任务逻辑。在性能上，智能体支持 32k token 上下文长度，工作流与智能体回复上限时间均为 240s，在保障高效交互的同时，满足复杂任务处理需求。创建智能体有用快速创建（角色类智能体、公众号文章问答）和通用创建（提示词创建、用工作流创建）四种创建模式，以下将从四个模式来详细介绍腾讯元器的核心功能，如图 9-1 所示。

图9-1

9.2.1 角色类智能体

在简介栏里输入希望扮演的角色和完成什么功能，在角色人设栏里用结构化的方式，描述智能体的角色设定、工作流程、原则，如图 9-2 所示。

9.2.2 公众号文章问答创建智能体

腾讯元器针对公众号平台推出的零代码创建智能体模式，为用户带来了新功能，如图 9-3 所示。

• 公众号授权：需授权公众号，授权后会自动拉取公众号文章作为知识库。

• 基础信息：填写智能体的名字、简介后，使用 AI 生成一个头像，或上传一张照片作为智能体头像。

图9-2

• 提示词：提示词决定了智能体将以怎样的形式回答用户的问题。有时候很小的微调也会对智能体效果带来很大的改变。可以在提示词中加入人设的描述，让智能体扮演任何角色。

图9-3

9.2.3 提示词创建智能体

腾讯元器支持通过系统提示词来增强大模型的表现。这也是元器智能体的基本创建模式，智能体通过分析用户问题的意图，调用相应的工具（如插件、知识库或工作流）来有效解决用户的问题。

① 基础设定：用提示词创建分为基础设定和高级设定，基础设定需要填写智能体的名字、简介，使用AI生成一个头像，或上传一张照片作为智能体头像。填写提示词（system prompt），以及对话开场白、下一步追问等内容，如图9-4所示。

图9-4

② 高级设定：进一步根据需要设置模型设置、知识库、插件、工作流等。大模型在遇到相关问题时，会自动判断是否需要调用插件、工作流或知识库来辅助帮助回答用户问题。还有显示智能体回复参考消息、关键词回复、背景图、智能体音色等功能，如图9-5所示。

图9-5

> **Tips**
>
> 关键词设置回复：添加关键词后，当问题命中关键词时，将使用用户设置的话术回复，如图9-6所示。

图9-6

9.2.4 工作流创建智能体

腾讯元器也提供了一种"流程图"式的低代码编辑工具——工作流。用户可以通过工作流编排插件、知识库、大模型节点的工作顺序和调用传参，实现对智能体任务运行逻辑的精确控制。用户在创建初选择"工作流模式"后，编排界面跟提示词大致相同，不同之处是会给智能体配置一个工作流，如图9-7所示。

图9-7

添加工作流后智能体所有问题都100%进入工作流，工作流的编排在画布上进行模型节点，控制意图识别的逻辑的连接，如图9-8所示。

图9-8

（1）开始节点

工作流的起点，设定开始工作流需要的信息，如图9-9所示。

图9-9

• 输入参数：工作流的开始节点无法设置自定义参数。如果要从用户与智能体的历史对话中提取相关参数，需要用户自行使用大模型节点，从开始节点中的 userPrompt、fileUrls、chatHistory 中进行提取。

• 通过开始节点，可以获取用户当前轮次输入的问题、上传的文件，以及历史最多30轮的对话记录、交互的文件。

（2）结束节点

工作流的终点，返回工作流运行后的结果信息，如图9-10所示。

• 输出参数：可以在结束节点对工作流前序节点进行引用，指定输出参数，并对输出结果进行总结润色加工。

• 输出模式：结束节点若设置为"指定回复内容，不经过智能体总结模式"不经过智能体润色，直接在结束节点上，引用参数原文并进行字符串拼接后直接输出给用户。

图9-10

• 元器／元宝流式输出：开启后智能体的用户不必等待整个工作流运行完成才能看到输出，大幅节约了等待时间。

（3）大型语言模型节点

元器工作流的大型语言模型节点，作为智能体工作流的核心组件，在文字创作，比如诗歌创作、作文生成等方面功能强大。还可以基于插件、工作流召回的内容，进行进一步的汇总或总结，如图 9-11 所示。

• 模型：支持混元、DeepSeek、月之暗面、MiniMax 四种模型，这里选择 DeepSeek-R1 大模型，并且可以选择最大回复长度。

• 输入参数：大模型节点想要引用的工作流前序节点的输出，比如开始节点的 userPrompt。

图9-11

• 系统提示词：调用大模型节点时，可以给本次调用设定一个 system prompt，对大模型调用的角色设定、任务设定、工作流程以及示例，都可以放在系统提示词里。

• 历史聊天记录：是否在本次调用大模型节点时，传入用户跟这个智能体的聊天记录。引用 chatHistory 参数从上一轮开始的聊天记录，支持设定最大数额为 30。

• 本轮指令：本次调用大模型要输入的 prompt。

• 输出参数：指定模型按 JSON 格式输出，无法新增其他参数。

• 工作流中间消息功能，支持创建者在大模型、代码和知识库节点打开"中间消息"功能。中间消息支持用 {{}} 引用当前节点的输出参数，其主要作用是为了避免最终用户与智能体交互时等待过程太长，提升长时工作流的体验。

（4）意图分类节点

意图识别节由混元模型驱动，可以将固定输入参数"query"中的文本，与每一个意图的描述进行匹配，如果匹配到了某个意图，则工作流后续将从该意图出发，执行后续的结点。适用于客服、咨询类场景，可以将用户的问题，按照不同的意图，进行分类处理——调用不同的知识库、插件解决用户的问题，如图 9-12 所示。

图9-12

- 输入参数：选择 / 输入需要解析的信息，节点会从这段信息里面理解意图并分类。

- 意图匹配：对每个意图的描述。

- 输出参数：这里输出的 classificationId 分类 Id。的意思，命中第一个意图输出的 Id 为 1，命中其他的则为 0。

- 意图识别节点在运行时的分类准确度，很大程度上取决于意图描述的书写是否完善。尽量运用意图概括 + 举例，可以通过例子和枚举的方式，让模型能够充分理解前面的意图概括。例如：天气方面的问题，比如询问气温是多少，天气怎么样，PM2.5 如何这些。

（5）参数提取节点

参数提取节点由大模型驱动，可以从一个固定输入参数 input 中，按照参数的描述，提取对应参数值，如图 9-13 所示。

- 输入参数：选择 / 输入需要解析的信息，节点会从这段信息里提取对应的参数。

- 提取参数：两种提取方式，直接添加提取参数，即自己写提取参数的提示词；第二种是从平台已有的工具中导入参数描述，通常搭配插件节点使用，如图 9-14 所示。

- 输出参数：输出参数由提取参数决定。

图9-13　　　　　　　　　　　　图9-14

（6）知识库

知识库是一系列文档的集合。一个知识库下可以包含多个文档。混元大模型在收到用户问题后，会通过 function call 判定用户的问题意图，是否需要去某个知识库中查询相关信息。如果需要，模型会将用户提供的信息与知识库中的文档进行相似度比对，并把最相关的内容找出来，辅助模型回答用户的问题，如图 9-15 所示。

- 输入参数：选择关键词，节点将使用该关键词去知识库召回最佳匹配的信息。
- 知识库设置：这里选择已有知识库，创建新的知识库需要去首页知识库栏，腾讯元器支持用户在创建知识库的时候选择类型，包含"文本类型""问答对类型"和"公众号文章"的知识库，如图 9-16 所示。

图9-15

图9-16

- 搜索策略：默认语义检索。
- 最大召回数量：按匹配程度从大到小返回 N 个。
- 最小匹配度：范围是 0～1，低于匹配度将不被召回。
- 输出参数：以列表形式列举出匹配到的前 N 个结果信息。
- 文本类型的知识库支持 TXT/DOCX/DOC/PDF，每个文件不超过 20MB，PDF 页数 ≤ 300 页，最多上传 1000 个文件。
- 对于客服类、问答类的智能体，适合用问答对类型的知识库。这种知识库在上传时，需要遵循一个固定的模板格式（问题/答案），所以上传前请先下载问答文档模板。文件格式支持 csv/xlsx/xls 格式。一个知识库最多支持 50 万对问答。
- 当选用公众号文章作为知识库时需要授权，授权成功后可以根据实际需求选择历史发布内容获取时间段，有半年以内、一年以内、三年以内、全部，如图 9-17 所示。

图9-17

（7）插件

插件是一系列第三方工具（API）的集合，一个插件下可以包含多个（API），如图9-18所示。

图9-18

- 创建插件：需要具有调用 API 的经验，以及一定的代码编程能力。填写基本信息：根据接口文档中的描述，填写插件名称、描述，并用 AI 功能生成一张插件图片作为图标。描述请尽量仔细填写，包括插件的主要功能和使用场景。插件描述不仅会展示给用户，大型语言模型也会根据描述判断是否会调用插件。授权方式：需要用户调用时，提供key（请求服务权限标识），且作为请求参数一起传入，可选择service方式授权，同时选择通过query传入key的值。权限标识的参数名为key，token是在高德平台申请到的key值，如图9-19所示。

图9-19

- 插件节点提供了让智能体通过API接口获取外部信息的能力。一个智能体可以配置多个插件。
- 插件的工作机制：智能体收到用户问题后，会提炼问题意图，判断是否需要调用选择的插件来辅助回答，需要的话，则会请求插件中的API。
- 元器平台不提供API的托管、部署能力，只是将第三方平台已经部署好的API，"登记"到元器平台，供大模型调用。
- 因插件会公开被其他智能体创建者使用，目前暂时插件一旦创建就无法删除。

（8）分支

If/else节点，根据大模型节点—意图识别输出的内容，将工作流进行分流，如图9-20所示。

图9-20

(9)代码

代码节点允许用户直接编写和执行代码,可以直接与其他节点集成,形成一个连贯的工作流。还与外部服务或API接口交互,如发送HTTP请求、处理API响应,如图9-21所示。

• 输入参数:可以在代码里使用params.<变量名>来引用输入。

• 代码预览:可以打开IDE窗口编辑代码,支持使用Python编写一个函数,引用输入变量进行处理,然后返回输出参数。不支持写多个函数,函数的输出类型必须是对象。

• 输出参数:根据代码返回的对象解析出来的输出变量。

图9-21

9.2.5 团队空间

元器在已上线的团队空间功能中,支持小企业和团队用户,以团队方式创建智能体、工作流、插件、知识库,并共享这些资产,如图9-22所示。

图9-22

团队空间目前已支持特性:

• 支持创建团队或加入团队。创建和加入团队上限为5个,每个团队最多50人。

• 支持在团队空间内,创建、编辑、发布智能体、插件、知识库、工作流。

• 支持团队其他成员,查看和测试其他成员创建的智能体、工作流,目前暂不支持共同编辑。无法查看其他成员创建的知识库、插件。

• 支持以 API 形式调用团队空间内的智能体,token 额度还是以个人元器账号维度进行消耗。团队不共享 API 调用 token 额度。

• 团队管理员支持发送邀请链接,在团队内加入其他成员。

9.3 手把手创建元器智能体—智能体公众号

腾讯元器公众号智能体是区别于大多数智能体,属于比较独特的创建模式,可自动同步每日文章,无须手动上传文档,极大减轻运营负担。充分考虑用户需求，将公众号数字生命化，带来全新、优质的体验。支持公众号客服化、商业化、聊天化，拓展了公众号的功能边界。对新手友好，降低使用门槛，即使小白也能轻松实现公众号 AI 化。

9.3.1 设计流程

首先明确创建智能体公众号的目标，即实现公众号的自动化运营和智能化交互。接下来，详细规划每一步操作，确保流程顺畅且高效。

① 创建智能体：根据前文内容创建一个智能体，这一步是基础且关键的，它决定了后续所有功能的载体。

② 公众号授权：使用微信扫码绑定自己的公众号，授权后知识库会自动拉取公众号文章。

③ 完善智能体基本信息：填写智能体的名字、简介，并且可以使用 AI 生成一个头像，或者上传一张照片作为智能体头像。

④ 添加知识库：将公众号发布的文章作为知识库，同时可设置获取文章的时间段等参数，默认获取近一年文章，也可调整为全部历史文章。

⑤ 设置提示词：填写提示词以及对话开场白、开场问题等内容。完成必填项后可在右侧与智能体展开对话进行测试，并根据测试结果修改提示词、开场白、知识库等，直至达到预期效果。

⑥ 发布智能体：调试完成后，单击右上角的"发布"，选择智能体发布到公众号的形式和公开范围，流程图如图 9-23 所示。

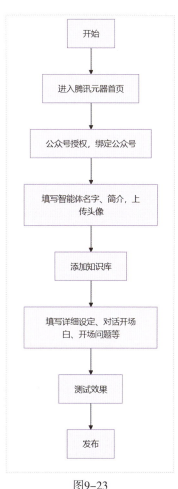

图9-23

9.3.2 智能体创建

本小节将对如何搭建智能体公众号进行详细阐述。

步骤01 进入腾讯元器首页，单击"创建智能体"按钮，选择"公众号文章问答"，如图9-24所示。

步骤02 进入配置页面，首先进行公众号授权，单击"去授权"按钮跳转到公众号平台授权页面，微信扫码绑定自己的公众号，授权后知识库会自动拉取公众号文章，如图9-25所示。

图9-24　　　　　　　　　　　图9-25

步骤03 授权成功后，智能体的名字、简介会直接调用公众号的基础信息，用户也可以自主修改名称和图标，如图9-26所示。

图9-26

步骤04　知识库也在授权成功后直接同步了公众号文章作为知识库，默认情况下，知识库将获取近一年的公众号文章。但如果希望利用更全面的历史数据，可以通过单击"知识库"中的"编辑"按钮，调整获取的时间段，选择"全部"以涵盖所有历史文章，如图9-27所示。

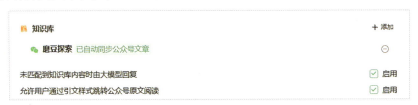

图9-27

如果需要更多的知识库，单击"+添加"按钮，选择"创建知识库"，如图9-28所示。

图9-28

步骤05　填写完提示词，以及对话开场白和关键词回复，详细的提示词可以帮助用户了解如何使用该智能体，如图9-29所示。用户可以利用提示词模板，结合自定义AI生成功能，设计出符合公众号特点的提示语，以便更好地引导用户提问。

图9-29

9.3.3 测试

必填项完成后，右侧即可和智能体展开对话，对智能体的回复效果进行测试，并根据测试结果修改提示词、开场白、知识库等，直到测试结果达到自己的预期，如图 9-30 所示。

图9-30

9.3.4 发布

调试完之后，单击右上角的"发布"，选择智能体发布到公众号的形式和公开范围，如图 9-31 所示。

• 所有人可用，该智能体会展示在腾讯元器和元宝 App 内，可以被用户通过站内搜索搜到。

• 仅通过分享链接进入者可用，无法被元器和元宝的搜索搜到该智能体，但是可以通过链接分享给朋友使用。

• 仅自己可用，只有账号用户自己可使用该智能体。

发布智能体后预计 24 小时后审核完成，审核通过后就可以在公众号后台使用，同时也可以将智能体小程序配置到公众号菜单栏（需认证后的公众号），如图 9-32 所示。

图9-31

图9-32

发布之后，回到首页即可看见已发布的智能体，单击"编辑"仍可继续修改名称、头像、知识库、提示词等；单击"更多"即可进行分享、API 调用、查看智能体使用数据、删除智能体，如图 9-33 所示。

图9-33

9.4 使用方式

创建智能体后，可以将智能体发布到腾讯元宝、腾讯元器以及微信公众号-订阅号进行多样化使用，如图 9-34 所示。

图9-34

9.4.1 腾讯元宝

在腾讯元宝，智能体可作为第三方小程序被调用，为用户提供智能化服务。

① Web 体验：复制 HTTP 链接地址然后粘贴到浏览器地址栏即可使用。

② App 体验：用微信扫一扫功能可以进入元宝 App 下载页面，即可在 App 里使用该智能体。

③ 小程序体验：如果需要将智能体嵌入到小程序、App 或者网站，可以从这个页面下复制对应路径或信息，如图 9-35 所示。

图9-35

- 第三方小程序调用智能体：需要 appid、path。
- 第三方 App 调用智能体：需要 App 装微信 sdk，配置原始 id、path。
- 第三方网页调用智能体：明文 url scheme，iOS 点击后直接打开小程序，Android 点击 url scheme 后打开一个 H5 中转页。
- 公众号菜单栏嵌入智能体：需要小程序 path，配置路径：微信公众号管理后台—内容与互动—自定义消息—添加菜单—跳转小程序。

9.4.2 腾讯元器

可以复制地址，也可以直接调用网址使用，如图9-36所示。

图9-36

9.4.3 微信公众号-订阅号

用手机微信扫一扫首先进入这个公众号，如果还未关注需要先单击关注公众号，关注后即可跳转智能体的对话界面，如图9-37所示。一个公众号只能与一个智能体绑定。

图9-37

9.4.4 微信公众号使用智能体

可以将智能体配置到公众自动回复中,吸引用户体验智能体。

步骤01 关联腾讯元宝小程序

打开微信公众平台,登录公众号账号,单击"广告与服务"按钮,选择"小程序管理",在关联小程序页面单击"关联小程序",在智能体使用方式里获取智能体的小程序路径(path),将其复制到路径一栏中即可,如图9-38所示。

图9-38

步骤02 填写自动回复内容

回到微信公众平台首页,单击"互动管理"按钮,选择"自送回复",在右侧页面选择"被关注回复"菜单,可以根据需求来学,涉及智能体小程序的部分可参考如图9-39所示,单击保存即可。

图9-39

9.4.5 以API方式调用智能体

已发布的智能体,支持通过API方式与智能体进行交互。这种API的调用方式,适合有自己业务场景的用户,将智能体服务嵌入到自己的产品、服务中。当前每个元器用户有一个亿的token体验使用额度,额度用完后,将无法调用。目前已经上线API付费能力,付费后,可以支持更多次调用。

智能体发布后，单击智能体卡片上的"更多"按钮，打开查看 API 调用信息，包含 token、调用方法等。单击"调用 API"，可以找到 API 调用 token，如图 9-40 所示。

图 9-40

请注意保密 API 调用 token，不要把这个 token 明文展示给其他用户。

9.4.6 智能体分享

单击智能体卡片右下角的"更多"按钮，用户可以分享自己创作的智能体，如图 9-41 所示。

图 9-41